《治家格言》津要

〔清〕朱柏庐　著

丛培业　撰

戚耀智　书

图书在版编目（CIP）数据

《治家格言》津要／（清）朱柏庐著；丛培业撰；戚耀智书. —郑州：河南文艺出版社，2017.7（2019.9 重印）

ISBN 978-7-5559-0577-6

Ⅰ.①治… Ⅱ.①朱…②丛…③戚… Ⅲ.①家庭道德-中国-清代②《朱子家训》-研究 Ⅳ.①B823.1

中国版本图书馆 CIP 数据核字（2017）第 170300 号

出版发行 河南文艺出版社
本社地址 郑州市郑东新区祥盛街 27 号 C 座 5 楼
邮政编码 450018
承印单位 三河市兴国印务有限公司
经销单位 新华书店
开　　本 700 毫米×1000 毫米　1/16
印　　张 9.25
字　　数 100 000
版　　次 2017 年 7 月第 1 版
印　　次 2019 年 9 月第 2 次印刷
定　　价 28.00 元

印厂地址　河北省三河市北外环路南密三路东
邮政编码　065200　　电话　0316-7151808

出版说明

朱柏庐（1617—1688），原名用纯，字致一，江南昆山（今属江苏）人。明末清初著名的理学家、教育家。朱柏庐事迹见于《清史稿》卷四百九十七《朱用纯传》。他在明亡后隐居乡里，以教书课徒为业，《治家格言》是其课徒训子的"教本"，自问世以来便不胫而走。虽然只有五百多字，"篇幅无多"却"家弦户诵"，"且先生之文，词旨浑厚，即用规诫语，不肯字字显露"（清·金吴澜）。像"一粥一饭，当思来处不易；半丝半缕，恒念物力维艰""宜未雨而绸缪，毋临渴而掘井""勿贪意外之财，勿饮过量之酒"等，已成为家喻户晓的生活格言。《治家格言》内容贴近百姓生活，言简意赅，语言朗朗上口，对仗工整，易诵易记，它已成为与《三字经》《百家姓》相比肩的蒙学读本，影响了一代又一代读者和数以亿万计的家庭，"固六经、四书并存不朽"（清·戴翊清）。

为了便于读者在"中国力量、中国精神"背景下，以全新的视角阅读体悟这部影响深远的家训著作，我们约请了学者、教育家、儿童蒙学教育的先行者丛培业先生，以传统儒学为经，参酌引证释、道两家和西方现代教育思想，以"管理早晨""教子有方""阅读经典""行止有度""因果不空""志在圣贤"六个部分，对《治家格言》"修身""读书""积德"等重大主题，做出原创性的纵深解读。

我省书法家戚耀智先生以楷书精心录写全文，更能直观、真切地表达和再现《治家格言》之内在精神。

另外，由于朱柏庐先生《治家格言》自问世以来流传极广，加之抄写本众多，所以不同的版本存在一些文字上的出入。本书所选用的文本是以天津市古籍书店1991年影印《朱子治家格言》为底本，并参考了江苏古籍出版社 2002 年版《朱柏庐诗文选》等版本。我们仅对个别地方做了改动,如:"奴仆勿用俊美",依其他通行版本,酌定为"童仆勿用俊美";"读书志在圣贤,为官心存君国",酌定为"读书志在圣贤,非徒科第;为官心存君国,岂计身家"。

当然,由于作者所处时代的局限性,有些"训诫"已远离日新月异的当今社会生活,相信读者能够做出自己的辨析和评判。

改变人生,从今天开始,从每一个早晨开始,从脚下开始。本书适合所有渴望修身齐家、塑造美好人生、营造幸福和谐家庭的读者。

此为我社艺文书局"家训读典丛书"之第一种。

河南文艺出版社

目 录

治家格言

〔清〕朱柏庐

黎明即起,洒扫庭除,要内外整洁;

既昏便息,关锁门户,必亲自检点。

一粥一饭,当思来处不易;

半丝半缕,恒念物力维艰。

宜未雨而绸缪,毋临渴而掘井。

自奉必须俭约,宴客切勿留连。

器具质而洁,瓦缶胜金玉;

饮食约而精,园蔬愈珍馐。

勿营华屋,勿谋良田。

三姑六婆,实淫盗之媒;

婢美妾娇,非闺房之福。

童仆勿用俊美,妻妾切忌艳妆。

祖宗虽远,祭祀不可不诚;

子孙虽愚,经书不可不读。

居身务期简朴;教子要有义方。

勿贪意外之财,勿饮过量之酒。

与肩挑贸易,毋占便宜;

见贫苦亲邻,须加温恤。

刻薄成家,理无久享;

伦常乖舛,立见消亡。

兄弟叔侄,需分多润寡;

长幼内外,宜法肃辞严。

听妇言,乖骨肉,岂是丈夫;

重资财,薄父母,不成人子。

嫁女择佳婿,毋索重聘;

娶媳求淑女,毋计厚奁。

见富贵而生谄容者最可耻;

遇贫穷而作骄态者贱莫甚。

居家戒争讼,讼则终凶;

处世戒多言,言多必失。

毋恃势力而凌逼孤寡;

毋贪口腹而恣杀生禽。

乖僻自是,悔误必多;

颓惰自甘,家道难成。

狎昵恶少,久必受其累;

屈志老成,急则可相依。

轻听发言,安知非人之谮诉,当忍耐三思;

因事相争,焉知非我之不是,须平心暗想。

施惠无念,受恩莫忘。

凡事当留余地,得意不宜再往。

人有喜庆,不可生妒忌心;

人有祸患,不可生喜幸心。

善欲人见,不是真善;

恶恐人知,便是大恶。

见色而起淫心,报在妻女;

匿怨而用暗箭,祸延子孙。

家门和顺,虽饔飧不继,亦有余欢;

国课早完,即囊橐无余,自得其乐。

读书志在圣贤,非徒科第;

为官心存君国,岂计家身。

守分安命,顺时听天。

为人若此,庶乎近焉。

《治家格言》津要

丛培业　撰

管理早晨

黎明即起,洒扫庭除,要内外整洁;既昏便息,关锁门户,必亲自检点。

颓惰自甘,家道难成。

一粥一饭,当思来处不易;半丝半缕,恒念物力维艰。

宜未雨而绸缪,毋临渴而掘井。

乖僻自是,悔悟必多。

立片言而居要

"一年之计在于春,一日之计在于晨",这是我在上学之后,因师长的教诲而铭记于心的箴言警句,或许这也是绝大多数人都会有的记忆。待到读初中的时候,记得那是初中一年级吧,学到朱自清先生的散文《春》,老师要求我们把整篇文章都背诵下来。至于老师在课堂上讲了什么,如今实在是难以忆起了。但是,文章中"'一年之计在于春',刚起头儿,有的是工夫,有的是希望"却总能让我时常念起,有如英国诗人雪莱在《西风颂》中的诗句"冬天来了,春天还会远吗?"给人以力量和希望,让人对未来充满无限的憧憬和遐想,让人信心满满,干劲十足。

春天,的确是"刚起头儿","有的是希望",至于能否说"有的是工夫"怕是值得商榷的了。如果无视、怠慢抑或是肆意挥霍春日里的每一天,待到幡然醒悟时,或许也会有"逝者如斯夫!不舍昼夜"(《论语·子罕》)的慨叹吧。由此看来,认真面对,惜时如金,应该是硬道理了。

朱柏庐先生在《治家格言》中开篇即言:"黎明即起,洒扫庭除,要内外整洁;既昏便息,关锁门户,必亲自检点。"在这句话里,他对子弟早晚必做之事提出了明确要求。理解其语意,对我们来说应该是没有任何障碍的,但其中的意蕴,却不能不让我们去深度探究、挖掘,并不断地反复咀嚼、玩味。

在这里,想提请大家注意的是,在儒家的经典中,不论是

《治家格言》,民国版,三友实业社印行

典籍或者是整篇的文章,都有一个基本相同的言说范式,也就是文章的第一句话往往是非常重要的,并有着深刻的意蕴。比如,《大学》第一句就是:"大学之道,在明明德,在亲民,在止于至善。"开篇即言"大学之道",这里的"大学",即谓博学,是学"大人之学",也就是儒家教育所崇尚的圣贤之学。而对"大人"的规定,《易·乾·文言》有云:"夫'大人'者,与天地合其德,与日月合其明,与四时合其序,与鬼神合其吉凶。""大人"的道德像天地一样覆载万物,他的圣明像日月一样普照大地,他的施政像四时一样井然有序,他示人吉凶像鬼神一样神妙莫测。而此"大人"之"进德修业"在《大学》中,则表现在三个方面,旨在实现"三纲领":"明明德",彰明内心美善的德行;"亲民",使人自新;"止于至善",使人处于至善的道德境界。《大学》通篇都在围绕"三纲领"的目的而展开论述。在《大学》一经十传中,先贤向我们诠释的是,欲求"三纲领"则需达"八条目":"格物",探究事

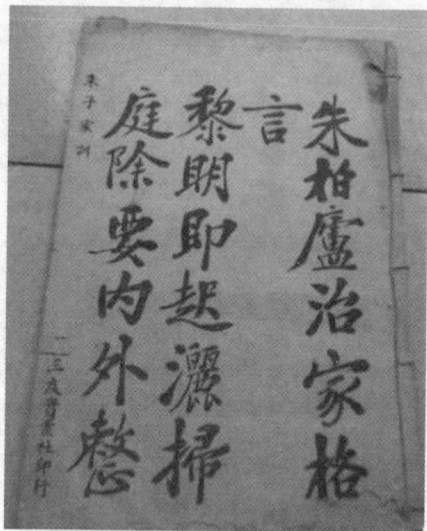

物原理；"致知"，获得知识；"诚意"，意念真诚；"正心"，保持心灵的安静；"修身"，修明德行；"齐家"，整治好自己的家庭；"治国"，实行德治，布仁政于国中；"平天下"，使天下太平。而这里的"三纲领"与北宋大儒张载的名言又有一种对应："明明德"与"为天地立心"、"亲民"与"为生民立命"、"止于至善"与"为万世开太平"——追根溯源，其内容、义理、格调、境界实为一体，也让我们由此洞见儒家文化在存续与传承、弘扬与创新中的脉络。

《中庸》的第一句是："天命之谓性，率性之谓道，修道之谓教。"天赋予人的就叫作性，循性而行就叫作道，使人修养道就叫作教。这一句，确认了全书的主旨：圣贤的学问之道在于把握"天命""率性""修道"。同时，也让我们清楚地看到，"性""道""教"三个概念的内涵以及彼此之间的内在关系。《中庸》一篇也恰是围绕"性""道""教"而展开。

《礼记集注》，陈澔集注，清刻本

《论语》也是这样。全书二十篇，"学而第一"，首句是，"子曰：学而时习之，不亦说乎？有朋自远方来，不亦乐乎？人不知而不愠，不亦君子乎？"夫子说，学到了东西后能够在适当的时机加以印证和练习，不也是令人愉悦的事吗？有远道而来的人，带着他们各自的问题和经验来切磋交流，不也是件快乐的事吗？别人不理解你，而你也不生气，这不也是君子应具备的风度吗？《论语集注》曰："此为书之首篇，故所记多务本之意，乃入道之门、积德之基、学者之先务也。"这句话似乎也总结出夫子一生"学不厌，教不倦"的精神品质。同时，也很好地概括了圣贤之道在于好学（学）与实践（习）的统一，而这种统一的关键在于

"时"。尤其要处理好自我与自然("学而时习之")、自我与他人/社会("有朋自远方来")以及自我与自我("人不知而不愠")的关系。"学"是起点、关键、根本,是一条恒久不变的纵贯线。学有方向,学有目标,学有内容,学有方法。而且在《论语》中,夫子的确是好学的典范。夫子立志向学,自称"吾十有五而志于学"(《论语·为政》),我十五岁时,立志于学习。夫子勤学好问,"子入太庙,每事问"(《论语·八佾》),孔子进入周公庙,对每一项礼制都会发问。夫子谦逊之余,也自信是好学之人,"十室之邑,必有忠信如丘者焉,不如丘之好学也"(《论语·公冶长》),有十户人家这样的小地方,一定有像我这样做事尽责又讲求诚信的人,只是不像我这样爱好学习罢了。学之现场、学之检验("习")总是在一定的关系中展开,而这种关系在儒家文化的理念与实践里,集中表现在人与自然、人与社会、人与自我的关系中。所以,研读《论语》,我们会发现整部《论语》所言说的全部内容,都是由第一句话衍生而成的。

《孟子》更是如此。《孟子》七篇,第一篇孟子见梁惠王。王曰:"叟不远千里而来,亦将有以利吾国乎?"孟子对曰:"王何必曰利? 亦有仁义而已矣。王曰'何以利吾国',大夫曰'何以利吾家',士、庶人曰'何以利吾身',上下交征利而国危矣。万乘之国,弑其君者必千乘之家;千乘之国,弑其君者必百乘之家。万取千焉,千取百焉,不为不多矣。苟为后义而先利,不夺不餍。未有仁而遗其亲者也,未有义而后其君者也。王亦曰仁义而已矣,何必曰利?"孟子进见梁惠王。王说:"老先生,你不远千里来到这里,将会给我们国家带来什么样的利益呢?"孟子回答道:"王啊,为什么一定要说利益呢? 我看只要有仁

《孟子正义》,焦循撰

义就可以了。王如果说'怎样才能给我们国家带来利益',大夫必然会说'怎样才能对我们自己的家有利',士人和百姓也都要说'怎样才能对我们自己有利',到这个时候,上要取下的利,下要取上的利,那国家就危险了。拥有万乘兵车的国家,谋害它国君的一定是拥有千乘兵车的家族;拥有千乘兵车的国家,谋害它国君的一定是拥有百乘兵车的家族。万乘被千乘取代,千乘被百乘取代,这样的例子不能算不多啊。假如人人都是先利而后义,不顾义而看重利,那不夺取全部是绝对不会满足的。没有哪个重仁的人会抛弃他的亲族。也没有哪个重义的人会怠慢他的国君的。请王只要说说仁义就可以,何必说利呢?"

在梁惠王与孟子的对话中,我们可以看到孟子以其雄辩的词锋,明言"利"字当先、先利后义的社会恶果——杀戮("弑其君")、贪婪("不夺不餍"),进而阐释仁义治国是天下最大的利益。王应麟《三字经》中有"孟子者,七篇止,讲道德,说仁义"。"仁义"是《孟子》七章的核心思想,《孟子》开篇的这一段话则概括了全书的的基本义理。

《孝经》是儒家的又一部经典,位列"十三经"之一,总计十八章,更是以"开宗明义章"为"第一"。"仲尼居,曾子侍。子曰:'先王有至德要道,以顺天下,民用和睦,上下无怨,汝知之乎?'曾子避席曰:'参不敏,何足以知之?'子曰:'夫孝,德之本也,教之所由生也。复坐,吾语汝! 身体发肤,受之父母,不敢毁伤,孝之始也。立身行道,扬名于后世,以显父母,孝之终也。夫孝,始于事亲,中于事君,终于立身。'《大雅》云:'无念尔祖,聿修厥德。'"孔子闲居时,他的学生曾参侍奉在侧。孔子说:"古代的圣德帝王有最美好的德行,掌握最重要的事物之理,用来治理天下,以便使天下人心顺服,百姓和睦,上下尊卑都没有怨恨,你知道这是为什么吗?"曾参离席站起来,恭敬地回答道:"学生愚钝,不够聪明敏达,怎么能明白这样深刻的道理呢?"孔子说:"孝,是道德的根本,对百姓的一切教化都是从孝道中产生的。你还是坐下来,我讲给你听。人的躯体四肢、毛发皮肤都是父母给予的,作为孝子千万不敢使其有所损毁,这是孝的开始。修养自己的德行,为平民能独善其身,

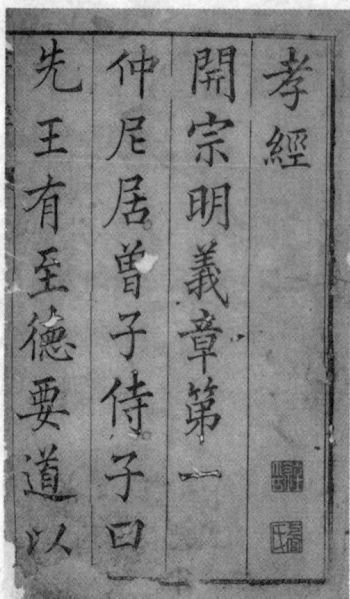

《孝经》，清刻本

为官能施惠天下，给后世留下好名声，从而使父母显赫荣耀，这是孝的终极目标。孝的实行，从侍奉自己的父母开始，然后效力于国君，最终扬名显亲，修身立世。《诗经·大雅》中说，'任何时候都要想着你的先祖，遵循他的榜样去修行你的功德。'"在"开宗明义章第一"中，通过孔子对曾参的教诲，表明《孝经》要揭示的宗旨和根本，以明确其义理。从这里我们可以看到，以孔子为代表的儒家学派把"孝"看成"德之本"，是一个人的立身之本；"孝"也是"教之所由生"，即执政者实施教化，用以引导和感化民众，维持社会秩序的方法。并且，《孝经》对个人孝行的目标做出了逻辑上的规定，人应当按照"始于事亲，中于事君，终于立身"的轨迹发展。

朱柏庐先生在《治家格言》中，同样遵循了这样的言论方式。这里的第一句话非常重要，它集中体现了朱柏庐先生训诫子弟，实现家治的基本思想："治家"在生活中的每一天。就整篇"格言"来讲，它具有提纲挈领的作用，它涵盖了"格言"所倡导与宣扬的全部义理。《治家格言》开篇的26字，从作息、洒扫等日常生活中最为简单的事情训诫子弟，教导子弟在生活中学习应顺应自然、恭敬严谨行事，养成良好有序的生活习惯。这些事情表面上看似简单，而从其内涵上讲，则有深厚的文化背景与高尚的文化精神，以及由此产生的对子弟人生成长与家族长盛不衰的文化关怀。

"黎明即起",是谓勤

"黎明即起""既昏便息",说的是一个人要做到天亮就要起床,天黑自然就睡觉,生活要有规律。看似简单,其实不然。它反映了中国人顺应自然的观念,正所谓"日出而作,日落而息"。这也是一个效法、随顺自然的过程,只要与天地同步,即可以获得健康。黎明、晨昏构成了一个人完整的一天。其行为背后的宏大意义在于它深刻地反映了"与四时合其序"的要求。四时运演,序在其中,春夏秋冬,切莫错乱。而对自然现象的体察、遵循,恰好是一个人的德行坦然、真诚的流露,自然而然,非有外力。可以说,朱柏庐先生以"黎明即起"作为训诫的开篇之言,蕴含了对子弟的要求和期许,致力于"大人之学",成为圣贤。所以,在《治家格言》中,朱柏庐先生以"读书志在圣贤,非徒科第;为官心存君国,岂计身家"要求子弟就不难理解了。"志在圣贤""心存君国"是圣贤悲天悯人、心系苍生的胸怀、格调与高度,是为追求、达成"修齐治平"的圣贤人生。

"黎明即起"是谓勤。朱柏庐有如此明确的要求,既是随顺自然的做法,也包含着朱柏庐先生对子弟勤劳惜时的训诫。"颓惰自甘,家道难成",颓废懒惰,自甘堕落,又沉溺而不觉,如果以此治家,家道很难成就,家业也更是难以久长。朱柏庐先生教导我们经营家业要勤奋用功,懒惰懈怠必于事无益。

《说文解字》:"勤,劳也。"勤劳是我们中华民族重要的传统美德,它也是我们这个民族生生不息、绵延久长的重要原因之一。放眼世界,审视任何一个民族的存在与发展,我们会发现没有哪个民族会因为懒惰而得到成长和发展的。从这个意义上讲,勤劳是人类生存、进步与发展不可或缺的重要元素。用"勤"也早已成为我们的共识。在现实生活中,诸多概念也为我们所熟知。"勤俭持家"是一个家庭幸福圆满、长兴不衰的原因。"勤能补拙",勤奋不懈可以弥补天生的缺陷,因为

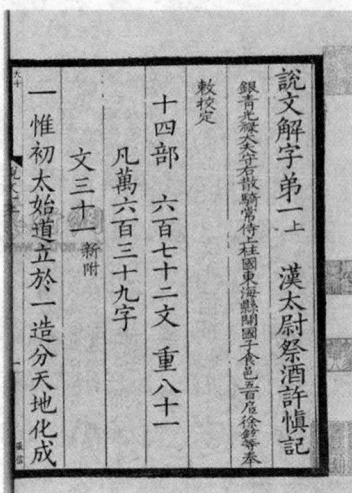

《说文解字》,清刻本

"勤"可以提高一个人的能力,让人不断地强大起来。"勤勤恳恳",勤劳而踏实,是人立于世应该持有的基本态度和原则。历史上古圣先贤的教诲也是如此。《左传·宣公十二年》:"民生在勤,勤则不匮。"人民的生计全在于勤劳,只要勤劳就不会贫乏。《中庸》:"人一能之,己百之;人十能之,己千之。果能此道矣,虽愚必明,虽柔必强。"别人一次能做到的,我要做他一百次;别人十次能做到的,我要做他一千次。果真能按照这样去做,即便是愚笨的人也一定会变得聪明,即便是柔弱的人也一定会变得刚强。"人一己百,人十己千"就在于勤奋,肯于付出,不断地提升自己。"虽愚必明",由愚昧转为聪明,正应了"勤能补拙",不要害怕自己的智力条件不好,智慧不足,"一勤天下无难事"。"虽柔必强",由弱转强,是一个人内在的坚毅与刚强,彰显了君子自强不息的品质。

东晋人祖逖"闻鸡起舞"也是一个经典的用"勤"案例。《晋书·祖逖传》:"(祖逖)与司空刘琨俱为司州主簿,情好绸缪,共被同寝。中夜闻荒鸡鸣,蹴琨觉曰:'此非恶声也。'因起舞。"祖逖和好友刘琨一同担任司州主簿。二人感情深厚,都有建功立业的远大理想,而且常常同床而卧、同被而眠。一次,半夜里祖逖在睡梦中听到公鸡的鸣叫声,他一脚把刘琨踢醒,对他说:这也不是什么不吉利的声音,咱们干脆以后听见鸡叫就起床练剑。"于是他们每天鸡叫后就起床练剑。春去冬来,寒来暑往,从不间断。正是由于这样的勤奋、进取,他们两人终于成为能文能武的全才。祖逖被封为镇西将军,实现了他报效国家的愿望;刘琨做了征北中郎将,兼管并、冀、幽三州的军事,展示了他的文才武略。祖逖与刘琨之所以功成名就,全在于用"勤":早起且有恒。

　　清代学者、文学家纪昀(字晓岚)在《寄内子论教子书》中告诫夫人,教育子女"爱之不以其道,反足以害之焉",进而提出"四戒四宜"的主张,"一戒晏起;二戒懒惰;三戒奢华;四戒骄傲";"一宜勤读;二宜敬师;三宜爱众;四宜慎食"。纪昀认为"虽仅十六字,浑括无穷,尔宜细细领会,后辈成功立业尽在其中焉"。这里的"晏起"就是晚起,也指懒惰。在曾国藩看来"晏起为败家之凶德"。在纪昀的主张中,"戒""宜"之间,无疑"勤"是大原则,成功立业离不开"勤"的功夫。

　　曾国藩在其家书中也说道:"我有三事奉劝四弟:一曰勤,二曰早起,三曰看《五种遗规》。四弟能信此三语,便是爱兄、敬兄;若不信此三语,便是弁髦老兄。我家将来气象之兴衰,全系乎四弟一人之身。""勤"与"早起"是曾国藩一直关注的话题,他不仅致信管理家务的四弟曾国潢,而且在给儿子曾纪泽的信函中也多有问询,"尔在家常能早起否? 诸弟妹早起否?"在给澄侯、温甫、子植、季洪四位老弟的信件中,谆谆教诲"家中兄弟子侄,总宜以勤敬二字为法。一家能勤能敬,虽乱世亦有兴旺气象;

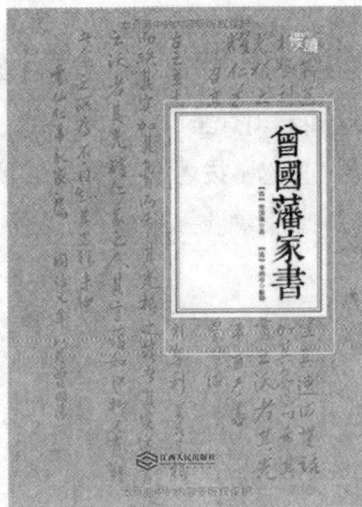

《曾国藩家书》,江西人民出版社,2016

一身能勤能敬,虽愚人亦有贤智风味。吾生平于此二字少工夫,今谆谆以训吾昆弟子侄,务宜刻刻遵守。至要至要"。因为,在曾国藩看来,做到"勤"与"早起",生活起居有规律,是关系到曾家兴衰的大事。曾国藩不仅要求家族兄弟、子侄用功在"勤",他本人就是践行"勤"理的典范,为官处事皆以勤为本,视"勤"为人生第一要义。曾国藩说,天下古今之庸人,皆以一"惰"字致败。以勤治惰,以勤治庸,不管是修身自律,还是为人处世,一勤天下无难事。他要求为官者当有五勤,"一曰身勤:险远之路,身往验之;艰苦之境,身亲尝之。二曰眼勤:遇一人,必详细察看;接一文,必反复审阅。三曰手勤:易弃之物,随手收拾;易忘之事,随笔记载。四曰口勤:待同僚,则互相规劝;待下属,则再三训导。五曰心勤:精诚所至,金石亦开;苦思所积,鬼神迹通"。由此可见,曾国藩之"勤"不仅表现在对时间的珍惜上,更有"勤"之所在,身体力行,全身心地投入自我修养之中。我们笃信也正是这样的功夫,才有曾国藩立德、立功、立言——大丈夫三不朽之成就,才有曾氏这样长盛不衰、影响历史的名门望族。

苏轼在《晁错论》中说,"古之立大事者,不惟有超世之才,亦必有坚忍不拔之志"。自古以来能建功立业做大事的人,不只有出类拔萃的才能,也必须有坚忍不拔的意志。苏轼在这里道出了建功立业之人的品质,"坚忍不拔之志"就是"勤"的内涵中尤为重要的特征:持之以恒,而不是一曝十寒、三天打鱼两天晒网。"勤"需要耐力的支持与保证。

富有的习惯

在现代社会,托马斯·科里创造出"富有的习惯"这个短语,他用五年时间研究了 177 个富有人士的生活,这些从普通人转变成有着巨额财产的成功人士有 12 个共同的生活习惯。其中,他们都坚持早起。在科里的研究中,一半以上白手起家成为百万富翁的人士至少在工作时间前三个小时起床。这是应对、解决日常工作突发情况的一种策略,比如开会时间太长、路况太堵、要去学校接生病的孩子等等。"这些突发情况会对我们产生心理影响,改变我们的潜意识,最终会让我们觉得生活已经失控。"科里写道,"早晨五点起床,完成你今天工作中最重要的三件事,这会让你重新掌控你的生活,给你一种你在主导自己生活的自信感。"

同样,中国富豪的早起经验也会支持托马斯·科里的研究成果。据说,80 多岁的李嘉诚每天 6 点起床。联想创始人柳传志每天 5 点前起床。百度 CEO（首席执行官）李彦宏说，每天早晨 5 点多就"被机会叫醒"。俞洪敏 6 点起床，已是这些成功人士里"起床最晚"的一个了。

如果我们接受早起是成功人士具有的基本特质的话，那么，有成功欲望的人，就应该重新审视自己早晨的起床时间了。即便是对一个普通人来说，早起也有着非同寻常的意义。一个能养成早起习惯的人，肯定没有熬夜的坏习惯，这无疑在很大程度上避免了诸多会因熬夜而引起的疾病。随着人们对健康意识的觉醒，对健康观念的重建，人们对熬夜的认识也越发深刻：您哪儿是在熬夜啊，而是在熬自己的命。有研究表明，早起会让你变得年轻，精力充沛；早起会让你的大脑更加灵活聪明，思维活跃；早起会让你成功的机会更高，信心满满；早起会让你更容易与人相处，人际关系更和谐；早起会让你对生活更充满激情，魅力四射；早起会让你更加乐观向上，不断进取。

在中国传统蒙学经典《弟子规》中，就有"朝起早，夜眠迟，老易至，惜此时"的教导，是告诫孩童要懂得"惜时"的道理。"惜时"意味着要进行时间管理，尤其是对早晨。"一日之计在于晨"，那就让管理时间从管理自己的早晨开始吧。记得南怀瑾先生曾说过一句话，"能控制早晨的人，方可控制人生。一个人如果连早起都做不到，你还指望他这一天能做些什么呢？"更为重要的是，当我们开始管理早晨，开始早起时，它将是一个人生命意识觉醒的又一重要标志，也就是一个人开始真正掌控自己的生命了。早起让我们拥有更多的时间，让生命在时间维度上得以延伸。管理早晨开启的是高度自律的人生，透露出的是严谨，是一个人内心的坚毅与刚强。早晨不是一个点，它是时间链条的一个环节，与昨晚、与当日紧密相连，循环往复，承前启后。

至此，我们一直在讨论"黎明即起"，似乎对"既昏便息"有些冷落和怠慢，其实不然。从语句顺序讲，终究有个先来后到，毕竟是"事有终始"。"既昏便息"，尤其是这个"息"值得琢磨、参悟，这里有大道。"息"，从事上讲，在这里指"休息"，引申为"停止"；从心上讲，"息"意味着"有止"。若有所为，关键是人要真正做到知"止"，才能有止、行止,这是个大事件,需要大智慧。我们在后面的文章《行止有度》中,将对此做进一步探讨。

一天等于一生

此时,笔者想起全息统一理论,"部分包含整体的信息""部分是整体的缩影"的思想。按照这样的理论看,早晨对一个人来讲,是一天,也是人生的起点,它蕴含了后来所有的时间。在某种意义上讲,人的一生约略等于一天——

早晨,日出东方,一轮红日,太阳出来红艳艳,美好憧憬千万万。

上午,学习、成长、工作。考学了,就业了,恋爱了,成家了……偶尔也会有一杯清茶或者一杯咖啡。

到了中午,发现肚子开始饿,也不能亏待自己呀,于是就停下一切,饱饱地吃上一顿,接着打个盹。看看周围,开始与别人对比,回过头想想走过的路,有是也有非,有美也有丑,有得也有失,有开心也有悔意……另外,还有几步自己感觉没走好,走得不好,心有不甘,就想到把亏欠的补回来,甚至还有些迫不及待。那些所谓的"中年变法""归零心态""二次创业"都大致如此。

下午的太阳渐行渐远,那是地球自转与公转所致。其实,太阳还是那个太阳,天下的太阳一样红,它的光和热并不逊于上午。

但是,最终还是到了"夕阳无限好,只是近黄昏"的时日。大自然的规律谁也无法逆转。不管晚上欢宴多盛大,都会有挥之不去的惆怅和无奈。当此时刻,对名、对利、对金钱、对女人,以及诸如此类的欲望,就会生出"咬到一口是一口"的婴儿式心态。不得不说贪官的"六十岁现象"即是明证之一。或许孔子是觉悟最早的智者,所以他告诫人们即便是"七十而从心所欲"也要做到"不逾矩"。

兴之不尽,添酒回灯,移步换景。而窗外的夜色愈发深沉。最后,带着满足,或者遗憾,或者还没来得及去想满足还是遗憾……便沉沉睡去。

不过,一天与一生的区别是:后者睡去了就没再醒来。

"洒扫庭除""内外整洁",在事理上说的是,要把屋里屋外打扫得整齐、洁净;在心地上讲的是,要弃恶从善、求是格非,使心灵纯净有序。"洒扫庭除"的确是家庭生活中的小事、琐事,常常不为人所重视。古人有"一室之不治,何以天下家国为"的劝世良言,修行就在于日常生活的小事中,也正是通过做好小事并在不断积累中,修养、净化、提升、丰富自己的心灵。正如刘备在遗诏中对刘禅的谆谆教诫:"勿以恶小而为之,勿以善小而不为。"老子《道德经》第六十四章:"合抱之木,生于毫末;九层之台,起于累土;千里之行,始于足下。"《荀子·劝学篇》:"故不积跬步,无以至千里;不积小流,无以成江海。"他们所要表达的都是要重视日常积累,才能实现质变,才能求得突破,这也是古圣先贤留给我们的真知灼见。

朱熹在《小学》中指出,"古者小学,教人以洒扫、应对、进退之节,爱亲、敬长、隆师、亲友之道。皆所以为修身、齐家、治国、平天下之本,而必使其讲而习之于幼稚之时。欲其习与智长,化与心成,而无扞格不胜之患也"。由此可见,朱柏庐先生要求子弟"洒扫庭除,内外整洁"绝非小事,而是把握了修齐治平的根本。

的确如此,"洒扫庭除"就是日常家务事,但是它有助于培养子弟的自律、自理的能力,使他们养成勤快的生活习惯。哈佛大学学者曾经做过一项长达 20 多年的跟踪研究,得出一个惊人的结论:爱干家务的孩子和不爱干家务的孩子,成年之后的就业率为 15∶1,犯罪率是 1∶10。看起来,做家务与否对孩子的未来有着不可忽略的影响。而事实也证明,孩子做家务学习会更好。2014 年中国教育科学研究院对全国 2 万多名家长和 2 万名小学生进行了关于家庭教育状态的调查,结果表明,在孩子专门负责一两项家务活的家庭里,子女成绩优秀的比例为86.92%,而认为"只要学习好,做不做家务都行"的家庭中,子女成绩优秀的比例仅为 3.17%。

可以肯定地讲,让孩子切实参与到一些力所能及的家务劳动中,不仅有利于培养孩子的自理、自立、自我服务的意识和能力,促进孩子养成良好的生活习惯,提高孩子的学业成绩,更为重要的是,它也能培养孩子的责任感,使他们在完成任务的过程中体验辛劳与付出,从而明了设身处地、角色转换的含义,懂得尊重、感恩与珍惜的意义,它是实现孩子德行长养的有效措施。

"关锁门户"与未雨绸缪

"关锁门户,必亲自检点",从效法天道的角度讲,早晨阳气开放,晚上阳气闭藏,就需要在晚上将"门户""关锁"。"必亲自检点"则是培养人严谨、诚敬的做事态度,而这一切与"修齐治平"都有关系。特别是以"必亲自检点"养成子弟严谨、诚敬的品质,亦渗透在整篇格言中。为什么要在"一粥一饭"中"当思来处不易"?为什么要在"半丝半缕"里"恒念物力维艰"?因为以"粥饭""丝缕"为代表的生活必需品,是人类物质生活不可或缺的,而这些物质资源的获得,即便在今天高科技时代,也需要人们艰苦的付出和辛劳。试想我们的餐食,我们的服饰,以及各种生活必需品,需要有多少人在不同的时间、不同的空间,通过不同的工作,凝聚多少血汗才能获得。对此,我们怎能不"思来处不易",又怎能不"念物力维艰"?说到这一句时,人们常常认为朱柏庐先生训诫子弟要懂得感恩惜福。无疑强调对"感恩惜福"的理解是没有错的。我认为人能做到"感恩惜福"关键在于对现象、事物的认识,以及由此产生的心态。"当思来处不易""恒念物力维艰"就是让人从心底升起对宇宙万物、世间生灵由衷的真诚敬意,甚至是敬畏。这也是朱柏庐先生对子弟的深层训诫,要求子弟修养自己的恭敬心。

"宜未雨而绸缪,毋临渴而掘井",告诫我们做事要有准备,切莫临时抱佛脚。《中庸》:"凡事豫则立,不豫则废。言前定则不跲,事前定则不困,行前定则不疚,道前定则不穷。"在这里,"豫"(通"预")是一个关键词。《学记》曰"禁于未发之谓豫",要防患于未然,唯有备方能无患。不论什么事情,有准备才能成功。否则,就只能是失败。"前定"即豫,就是不要"临渴而掘井",而是做到"未雨而绸缪"。所以,言辞准备充分就不会理屈词穷无言以对;做事准备充分就不会为困难阻碍,无以继续;行动准备充分就不会内疚自责,忏悔不断;处事之道准备充分就能应对无穷变化,游刃有余。那么,如何规避"临渴掘井",而做到"未雨绸缪"呢?无疑,意识的超前性可以起到预见的功能,但是,缺少了那分诚敬,预见就可能让人恣肆妄为,误入歧途。从这个角度看,我认为"凡事诚则立,不诚则废",倒也是耐人寻味吧。《中庸》:"诚者,天之道也。诚之者,人之道也。"诚,是天赋的道理,天的德行;学习诚,使自身真诚,是做人的道理,是人的德行。可见,朱柏庐先生一句"关锁门户,亲自检点"用意之深。

毋庸置疑,"关锁门户,亲自检点",其间的"严谨"是不言而喻的。在儒家文化的传统中,学"谨"是一门必修课,同样是非常重要的功夫。

谨而信,不"任性"

《说文解字》:"谨,慎也。"谨也有"郑重""恭敬"的意思。《论语·学而》,子曰:"弟子入则孝,出则弟,谨而信,泛爱众,而亲仁。行有余力,则以学文。"孔子说:为人子弟在家要孝顺父母,出外要恭敬朋友,行为谨慎,说话能够守信,广泛关爱他人并且能亲近有仁德的人。当这些事情都做好了,再去努力学习那些经天纬地的学问。清代秀才李毓秀正是援引、演绎了夫子的这一教诲,编撰《弟子规》作为儿童启蒙读物。其中,"谨而信"是为人子弟的行为规范之一。在"谨"的部分,李毓秀详细列举了日常生活中常见的一些注意事项,要求儿童在诸如朝起夜眠、衣冠步履、洒扫应对等各项事务中,要处处谨严,慎重小心,不可疏忽随便。需要明了的是,"谨"并不是要束缚人的手脚,而是使儿童在启蒙阶段即养成良好的生活习惯和严谨的心态。这一思想即便在今天也是极具现实意义的。《淮南子·人间训》曰:"圣人敬小慎微,动不失时。"用敬慎的态度处理细小的问题,不轻举妄动,待时机恰好时,再采取适宜的做法,这正是圣人之举。"谨言慎行""谨小慎微",不是要人们胆小如鼠、畏首畏尾,而是希望人们具有严谨认真、真诚恭敬的品质。朱柏庐先生深谙此道,他教诲子弟学习"谨",达成"身修家齐"的目的。

朱柏庐先生训诫子弟要"长幼内外,宜法肃辞严"。这句话告诉我们的也是严谨,在一个家庭里,必须有严格的家法和规矩,正所谓国有国法家有家规,没有规矩不成方圆。长辈对晚辈的教诲,言辞要做到庄重严肃。这恰是体现了一个家庭、家族严谨的家风。

严谨、诚敬正是现代人极度缺乏的。很多人做起事来,任意妄为,自以为是。用网络语言讲,那真叫一个"任性"。在《治家格言》中,朱柏庐先生告诫子弟,"乖僻自是,悔悟必多"。性格古怪,刚愎自用,自以为是的人,必定会做错事情,因而会生出很多懊恼和悔恨。当然,在这个句子里"乖僻自是"与"悔悟必多"之间蕴含着相应的因缘果报。然而,"乖僻自是"的原因又是什么?为什么会出现这样的性格?又如何规避呢?尽管我不敢简单地给出什么绝对的令人信服的答案,但是我愿意和大家一起探究这个问题。我想,一个是人性中固有的愚痴和傲慢,另一个则是个人修养中缺少的严谨与诚敬。

现在人们总是讲细节决定成败,而这里的"细节"又是从哪里来的呢?它是做事人对具体工作所给予的态度而产生的。它是一个人的严谨、认真的态度,它是一个人对事情由衷的诚敬,是一个人内在的恭敬心。天下之事,不论大小,唯诚是道。严谨是其表,诚敬是其里。高僧大德印光大师也告诉我们,"一分诚敬得一分利益,十分诚敬得十分利益"。经历这样的点拨,我们依旧执迷不悟吗?我们距离破迷开悟还有多远呢?

宁思静想,重温朱柏庐先生《治家格言》的开篇句,"黎明即起,洒扫庭除,要内外整洁;既昏便息,关锁门户,必亲自检点。"看似简单、平常,却为我们确定了方向与目标,为我们建构了规模与格局,为我们找到了措施与方法。身修家齐就在日常生活每一天细微、琐碎的小事里,就在日常生活经验的点滴积累中,真如"世事洞明皆学问",诚如"恶小不为,善小为之"。经由切己体察、反躬自问,在身体力行、勇猛精进中,通过勤奋、严谨、诚敬,实现不断突破,长养自己的德行。

教子有方

教子要有义方。

第一位老师

当一个孩子有了良好的发展,取得优异成绩,为人称羡的时候,他的父母也常常会得到"教子有方"的赞美。同样,当孩子出现不良行为,产生消极后果,令父母丧失颜面,羞愧难当,此时的父母往往也会以"教子无方"来自责。无论"有方"还是"无方",首先需要明确的是,"教子"是父母不可推卸的责任。如果没有对这一责任的确认与担当,任何"有方"都会失去它应有的价值和意义,而"无方"就会因姑息养奸、放任纵容而变本加厉。与此同时,我们还需要拓宽和深化对"有方"的认识和理解。"有方"不只是指具体的方式方法,在技术、器的层面,也包含"方向"的选择,持有正道。它以有意识或无意识的形态存在于父母与孩子的交往中,蕴含着相应的教育思想和理念,也包括教育方式的选择与判断。在从个意义上讲,"教子有方"是抽象的思想理念与具体的方式方法之间的有效结合,是"道"与"器"的高度统一。

《史记·屈原贾生列传》有云,"夫天者,人之始也;父母者,人之本也。人穷则反本,故劳苦倦极,未尝不呼天也;疾痛惨怛,未尝不呼父母也"。尽管这段话是司马迁描述屈原撰写《离骚》时的疲惫与忧伤,以

及内心深处的呼唤与呐喊的，"父母是
人的根本"，但对我们来讲，至少可以
得到两个启示：一个是父母给予子女
生命，彼此之间有很深的缘分，对子女
来讲恩重如山。从子女的角度讲，需
要恪尽孝道，知恩图报：立身行道，扬
名于后世，以显父母。另一个是，家庭
是子女在新世界生存所遭遇的第一个
环境，常被称为第一所学校，父母成为
孩子的第一任老师，影响他们的成长
与发展，父母要承担教育的责任，为孩
子做好启蒙、示范。在中国的文化与
教育传统中对此早有定论。中国最具
影响力的传统启蒙教材之一——《三
字经》中就有明示。尽管南宋大儒王应麟撰写的这部《三字经》只是为
儿童启蒙而编撰的读物，但是，其间丰富而深刻的儒家教育哲学思想，
在今天依然散发着智慧的光芒。"养不教，父之过；教不严，师之惰"，
就清楚地表达了父母长辈与教师在孩子成长过程中应该承担的责任。
那么，不承担教育责任的父母就是有错的父母，即"有养无教"是父母
的过错。在今天的社会生活中，我们也会听到孩子的抱怨："养我为什
么不教育我？"而在百姓生活中，甚至也有人用"有娘养无人教"的刻薄
言辞批评孩子的过错与父母失职直接有关。至于教师则应严格要求学
生，否则就是教师的懈怠与失职。

　　同样，在《三字经》中，王应麟先以"昔孟母，择邻处；子不学，断机
杼"诠释父母在子女成长与发展中的作用，即承担责任的父母对孩子
的影响。"昔孟母，择邻处"讲的是孟母三迁的故事，这个故事反映了
孟母仉氏对教育与环境关系的深刻理解。人是环境的产物，不论是在
宏观层面还是在微观层面，环境都以直接或间接的方式影响人的发展

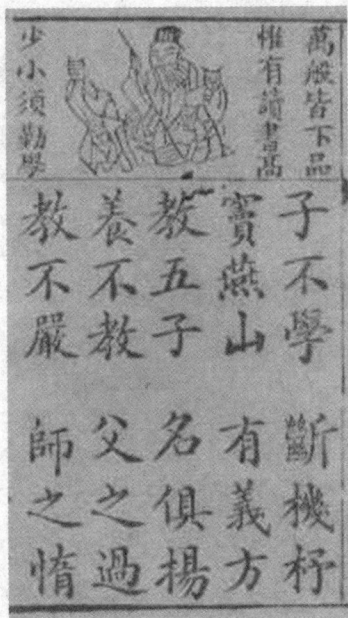

《三字经》，清刻本

与成长。孟子小时候，他家离墓地很近，他总学些有关祭拜的事，玩起办理丧事的游戏；当他家搬到集市旁时，他就学了些做买卖和屠杀的事；等孟母带着他搬到学宫旁边时，他就会了鞠躬行礼及进退的礼节。孟母"三迁"居址，为孟子选择了更好的有利于他成长的教育环境，使孟子的兴趣发生了明显的变化，也为孟子识礼进德、明理行道奠定了根基。无疑孟母仉氏的做法是充满智慧的，她懂得居住环境的人文性内涵对孩子成长一定会产生影响的道理。正如《论语·里仁》所云："里仁为美。择不处仁，焉得知？"当然，我们也应从"孟母三迁"的故事中意识到，母亲的选择给予孟子的积极暗示，她是在以三迁居址的方式告诫孟子，母亲希望他获得正确的成长与发展方向。而这种暗示，恰是家庭教育中潜移默化的力量，也是"教子有方"的重要存在形态，这一点的教育价值是没有理由被人们忽视的。

当有利于孩子成长的环境被选择和确定后，在日常生活中，对孩子进行教育时采取的方法就显得尤为重要。《列女传·母仪传·邹孟轲母》记载："孟子之少也，既学而归，孟母方绩，问曰：'学何所至矣？'孟子曰：'自若也'。孟母以刀断其织，孟子惧而问其故。孟母曰：'子之废学，若吾断斯织也。夫君子学以立名，问则广知是以居则安宁，动则远害。今而废之，是不免于厮役，而无以离于祸患也。'"这段记载说的是，在孟子小的时候，一天，他从外求学回来，恰好赶上孟母在织布，母亲便问他学习进展到什么程度了，孟子显出一副漫不经心的样子。孟母就用刀割断了正在纺织的布，孟子很害怕，赶紧问母亲为什么要这样做。孟母说，你荒废学业就如同我剪断这些正织的布一样。有

孟母教子

德行的人总是凭借勤奋学习来树立声名,通过虚心求教来获得渊博知识。如果你现在荒废学业,你免不了当一个受人驱使的奴仆,而且也无法脱离灾难。这就是"子不学,断机杼"——孟母采用的教育方法。"孟子惧,旦夕勤学不息,师事子思,遂成天下之名儒。"孟子后来成为仅次于孔子的一代儒家宗师,史称"亚圣",与孔夫子并称"孔孟"。

灵椿一株老,丹桂五枝芳

"窦燕山,有义方,教五子,名俱扬"则说的是,五代后晋幽州人窦禹钧家教有方,他的五个孩子都学有所成,名扬四海。《宋史·窦仪传》记载:宋代窦禹钧的五个儿子"仪、俨、侃、偁、僖"相继及第,故称"五子登科"。当朝侍郎冯道闻说此事,特赋诗一首:"燕山窦十郎,教子有义方。灵椿一株老,丹桂五枝芳。"

窦燕山的"义方"究竟是什么?一个是自己能改过迁善,扶危济困,乐善好施,兴办私塾,教化人间,建书房40间,买书数千卷,聘请文行之士为师授业,并主动帮助没钱的孩子到私塾免费上学。另一个是对自己的儿子家教甚严,不仅时刻注意他们的身体,还注重他们的学习和品德修养。可以说,自己以身作则、为儿子做榜样示范、对儿子严格要求、强调文行并修,是实现"五子登科"的根本保障。

在《治家格言》中,朱柏庐先生教导我们"教子要有义方",可以说他秉承了自夫子以来儒家倡导的教育要求。

的确如此!教育总是需要一定方法的,而且,关于方法重要性的论述不可谓不繁。《论语·卫灵公》:"工欲善其事,必先利其器。"朱熹《孟子集注》:"事必有法。然后可成。师舍是则无以教,弟子舍是则无以学。"又有"授人以鱼,不如授之以渔"等诸多观点都是强调方法的重要性。在家庭教育中,强调父母承担教育责任,做到"教子有方",与学校教育中教师的教育教学方法有本质上的不同。特别是我们绝大多数家长没有受过师范教育的专业训练(在这里,对受过师范教育专业训练的老师不予置评），一般不会有运用相关学科教学法的经验，而且也没有必要。换句话讲，家长承担教育责任并不意味着家长要像学校教师一样面对孩子。事实上，今天很多家长的修养和水平确实不是一般老师能比得了的。现在的家庭生活中有一个很重要的内容——在整个义务教育阶段，家长陪读：为孩子检查老师布置的作业，平日里从课前的预习到课后家庭作业的辅导都需要家长亲自亲为，还要为孩子不尽老师意愿的行为而买单。我一直持一种观点：孩子在学校的表现影射他的家庭生活质量，而孩子在家庭中的表现也在某种程度上反映了学校教育的水平。

令人遗憾的是，在当下的教育生活里，大家可能听到最多的就是学校与家庭的冲突，老师与家长之间的相互抱怨。家长凭什么把孩子放到学校就万事大吉了；你的孩子为什么送到学校就成了老师的事；自己的孩子交给了别人，对孩子不能尽守本分却始终握有兴师问罪的大权；老师总有"管"不起的少爷公主，还要应对野蛮家长的人身攻击，甚至有人惊呼教师职业渐变为又一"高危职业"；一个有着悠久的尊师重教传统的文明古国，一个信奉"一日为师终身为父"师道传统，对教师充满敬意和感恩的民族，今天的教师——他们的尊严又在哪里呢？于是乎，源自教育界的声音，"在中国，教育孩子的首要问题是教育家长"，"家长改变，中国的教育问题才会从根本上改变"等针对家长的声音不绝于耳。不可否认的是，中国的家长及中国的家庭教育的确有许多需要改进、更新、提升的地方。但是，请问，有哪个人是一出生就成了家长的？也请大家想一想，一个人成为家长都经历了什么？当下的家长又有哪个不是经历过学校教育的教化呢？无疑这是一个繁杂的系统工程，仅凭简单的指责于事无补。与此同时，让我们再来看看家长，又有哪个不是苦不堪言：孩子总有不得不上的课外辅导班；总要面对没完没了的繁重课业；有时家长还会被老师呼来唤去、随叫随到；有多少家长在老师面前，就像孙子一样被训斥，颜面尽失，哪有人格可言……这些切实发生在我们身边的现象，的确让人郁闷、心寒、悲伤、迷茫。

我无意批评今天的学校教育,但是,有一点是可以确认的,如果父母做的事情本应该是在学校完成的,家长做起学校老师的工作,孩子在家庭像在学校时一样,这个社会的学校教育一定是出问题了。事实上,我们需要理清学校、教师和家庭、父母各自的角色,以及他们所承担的责任究竟是什么,具体有哪些。事实上,这样一种状态本身就不利于孩子的成长与发展,也与我们的愿望大相径庭。回到原点,重新审视各自的角色任务,恪守本分,如夫子言:"躬自厚而薄责于人,则远怨矣。"(《论语·卫灵公》)躬身反省,重责于己,并能进一步轻责于人,责备自己的多一些而责备别人的少些,就可以远离怨人与人怨了,从而为孩子的成长营造和谐融洽的心理环境,使孩子在宽松愉悦的氛围中获得良好的发展。

莫言的母亲

实事求是地讲,父母没有理由放弃自己的责任而对教师挑三拣四、横加指责、兴师问罪。就家长而言,这样做的意义又是什么呢?与其指责、抱怨,不如勇敢地承担起自己的责任。不论根据现实的状况,还是我们的经验,把孩子的命运完全交给老师肯定是一个错误的选择。它不符合孩子成长、发展的规律,而且,在当下的教育环境里,与孩子发展相关的诸多事情,是教师在学校教育中根本就无法解决的。大面积的集体教学与学生个体差异之间的矛盾,在某种程度上,是目前全球范围内学校教育面对的最大障碍和遭遇的最为尴尬的情景。而在当下教育机制运行的轨迹中,在应试需要的背景下,任何教育教学模式谈因材施教只能是奢望和空想。从这个意义上讲,我们谈论对孩子发展的希望与要求,只能另辟蹊径,家长必须成为孩子成长的重要源泉和不可或缺的动力。

中国第一个诺贝尔文学奖得主莫言先生曾撰文《孩子的优秀,浸透着父母的汗水》,他认为对人影响最大的是家庭教育。在文章中,莫言写道："年少时我曾跟着母亲去捡麦穗,结果母亲却被看守人打了一耳光。多年后,我与母亲再次与看守人在集市上相遇,看守人已是白发苍苍的老人,我想过去报仇,却被母亲劝住,母亲只说了这样一句话:'儿子,那个打我的人,与这个老人,并不是一个人。'这就是我的家风。"当读到这段话时,我深深地被莫言母亲善良豁达、善待他人的美德以及化解仇恨、适时而教的智慧所折服。相信也正是在母亲的教诲中,莫言先生对家风有了更深层的体悟:"有好的家风,确实是对孩子的成长非常有利的。"而能够做到教子有方,是实现好家教、形成好家风的根本保证。

在家庭教育中,父母给予孩子教育影响的形式历来被归纳为"言传身教":既有言传,又有身教。但是"言传"与"身教"二者绝不可等量齐观,应该说"身教"重于"言教"。

在中国,对教育内涵的确定,有其固有的文化渊源与属性。许慎《说文解字》云:"教,上所施下所效也。""育,养子使作善也。""教"是"上施下效",也就是说,居于上位、长辈的,应该以其具体的行为方式成为处于下位、晚辈的人可效法和模仿的对象。正如夫子所言:"其身正,不令而行;其身不正,虽令不从。"(《论语·子路》)孔子的意思是,

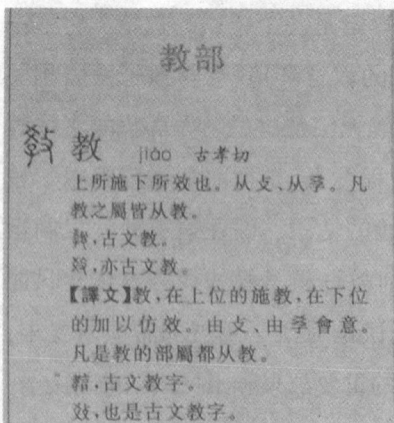

《说文解字》:教,上所施下所效也。

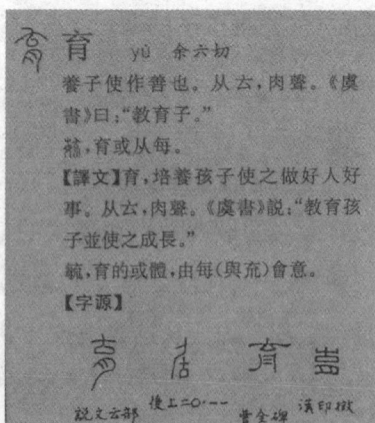

《说文解字》:育,养子使作善也。

领导者自己行为端正,即使不下命令,百姓也能行为端正走上正途;如果他自己行为不端正,即使下命令要求,百姓也不会服从的。这一观点,其实还是"政者,正也。子帅以正,孰敢不正?"(《论语·颜渊》)的翻版。模仿是儿童学习的基本方式,所以成人的榜样示范就是儿童可效法和可模仿的对象。"育"则有明确的目标指向——"作善",生养孩子不只是以生物学意义上的传宗接代为目的,更有社会学意义上的使他成为有道德的人。"作善"既是初心也是归宿。那么,这种"善"从哪里来?要从家庭中来,在父母的以身作则、榜样示范中实现。

《韩非子·外储说左上》有记载:"曾子之妻之市,其子随之而泣。其母曰:'汝还,顾反为汝杀彘。'妻适市来,曾子欲捕彘杀之。妻止之曰:'特与婴儿戏耳。'曾子曰:'婴儿非与戏也。婴儿非有知也,待父母而学者也,听父母之教。今子欺之,是教子欺也。母欺子,子而不信其母,非所以成教也。'遂烹彘也。"这就是为我们所熟知的"曾子烹彘"的故事。曾子真不愧为儒家学派的重要代表,为后世尊奉的"宗圣"。曾子烹彘,蕴含着丰富的教育智慧。他不以妻子对孩子的话为戏言。因

《韩非子集解》,钟哲点校,中华书局,1998

为,"是不能和孩子随便开玩笑的。孩子是不懂事的,是要向父母学习的,听从父母的教导。如今你欺骗他,这就是教他学会欺骗。母亲欺骗孩子,孩子就不会再相信母亲,这不是教育孩子该用的方法"。成人的言行对孩子影响很大,不可不检点,做父母师长的要特别注重言传身

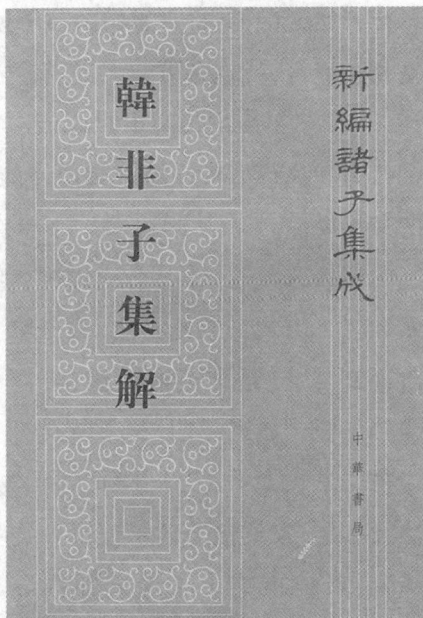

教。尽管我们不齿于欺骗、谎言，但是，孩子的撒谎、不诚实，以及其他各种不良行为，从根本上讲是从成人那里学来的。

小孩子不撒谎吗

大家都不陌生的一个观点叫"小孩子不撒谎"，并以此为依据自证自明。而事实并非如此。加拿大麦吉尔大学维多利亚·塔尔瓦教授是世界一流的儿童说谎行为研究专家，他的研究团队通过长期、大量的研究告诉我们，"别夸口说你的孩子不会说谎"。到 4 岁时，几乎所有孩子都开始说谎，有哥哥姐姐的孩子说谎比其他孩子更早；孩子越能区分真相和谎言，就越有可能说谎；孩子越大越会说谎，96%的孩子都会说谎。4 岁孩子平均每两小时说谎一次；6 岁孩子平均每小时说谎一次；记忆力和执行力较好的儿童说谎能力也比较强；96%的孩子会向自己的父母说谎。

那么，孩子为什么会说谎呢？维多利亚·塔尔瓦教授指出，孩子第一次说谎，往往是为了掩盖错误、避免受到惩罚。如果成功，孩子就会爱上说谎。家长对孩子说谎的态度与做法大多是：家长接受孩子说谎即变相纵容；家长拒绝孩子说谎却指导不当。研究表明，只有不到 1%的父母会利用拆穿谎言的方式教育孩子不要说谎。而绝大多数的父母会批评孩子想要掩盖的错误，而不是批评孩子的说谎行为。而在孩子看来即使说谎未果也没什么损失。事实上，父母在不知不觉中鼓励了孩子说谎——孩子说谎是跟大人学的。

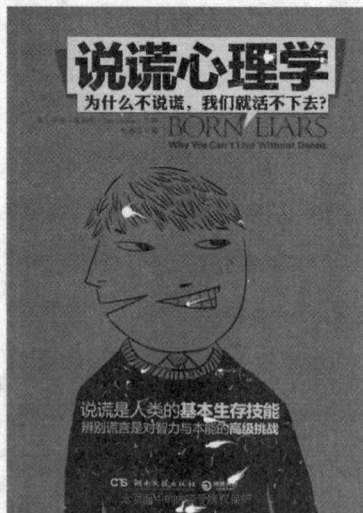

《说谎心理学》，杨语芸译，湖南文艺出版社，2013

如果说"曾子烹彘"是在思辨意义上表现出的教育智慧,告诫父母言传身教的重要性,那么,维多利亚·塔尔瓦教授则以科学实证的方式,通过大量的数据分析否定了我们由来已久、根深蒂固的主观经验,要求父母唯有以身作则,恰切施教,才能更好地帮助孩子成长。

陪伴·发现·赞美……

作为父母,如欲成为孩子效仿的榜样,需要让自己成为一个什么样的人呢? 又应以什么样的形象出现在孩子面前呢? 对这个问题的回答,想必亦是见仁见智的。在这里,我愿意把一些思考、建议与大家一同分享、讨论。

就让我们从孩子步入幼儿园,开始社会性的集体生活算起。特别是作为未成年人在接受教育的生活中,会有多样的经历和际遇,而在这个过程中,父母如何面对孩子的遭遇,及在家庭生活中如何以适宜、恰切的方式同孩子交往,都将对孩子的未来产生重要影响。

在孩子面前,每一个父母都可以说是一个复合性的整体,具有多样复杂的特征。传统意义上,"严父慈母"的形象在当下恐怕难以涵盖家庭教育所需要的角色。它需要我们有对"严父慈母"的升华与超越,因为每一个孩子的成长与发展总是通过一系列具体情境的积累来完成的。父母也正是在这个变化的过程中与孩子交往,使孩子体验、感悟父母的形象并影响自己的发展。不可否认的是"一个孩子一个样",我们看到的是孩子之间的差异,对我们的要求是理解孩子,尊重个性,因材施教。那么,从一般意义上讲,由于孩子的年龄特征以及受教育环境的整体相似性,又让我们可以在个性差异间找寻具有普世意义的共性认识。为此,我们认为家长至少应该持有的不可或缺的形象有以下几个方面:

第一,家长是爱的播洒者。不论生物学意义上的血缘关系,还是伦理学上的长幼关系,抑或社会主流观念,都要求父母无条件地爱自己的子女。事实上,我们也接受"天下没有不爱孩子的父母"这样的观点。但是,我们对父母给予孩子的爱,确实需要进行理性审视。我们认为,在家庭生活中,父母对孩子的爱是有是非对错、层级差别的。我们提倡正确的教育爱,反对错误的溺爱。即便是正确的教育爱也是有层级差别的。家长对孩子的爱,是倾向于生理的,抑或是倾向于心理的,还是生理与心理同样关注? 特别是对孩子心理发展的关注,我们给孩子的爱,不仅要表现在对其认知发展的重视上,更需要在其情感、意志、品德、个性、人格等方面的发展给予更高的关切。因为,孩子的成长与发展是完整且全面的,任何偏颇都会给孩子带来无法弥补的伤害。从生命的意义出发,给予孩子完整而全面的爱,是教育爱的第一个标志。教育爱的第二个标志是,给予孩子的爱具有可持续性发展的效应,是孩子成长与发展永不枯竭的资源,使孩子得以终身受益。教育爱的第三个标志是,承认孩子是具有主体力量和独立人格的生命个体,与孩子形成尊重、信任、平等的亲子关系。

第二,家长是陪伴者。孩子的成长与发展离不开父母的陪伴,我们也希望父母给予孩子高品质的教育陪伴。所谓高品质的教育陪伴具有如下特征:保证有与孩子交往的时间,以及可以共同参与的相关活动;为孩子的成长提供引领性的指导,为孩子的发展指明方向;为孩子提供开放、包容的心理环境,对孩子的遭遇能予以理解和接纳;能以平等的身份与孩子一同进行多样的游戏活动;与孩子有良性、积极、有效的沟通路径,亲子交往其乐融融;家长能够聆听孩子心灵的声音,能与孩子一起分享成功的喜悦,也能为孩子分担失败以及不如意时的忧伤。

第三,家长是发现者。即家长是孩子天赋的发现者、潜能的激活者。一个人一个样,每个人都不同,每个人生来都有他特有的天赋。天赋跟大多数宝藏一样,是埋得很深的矿藏。它需要被挖掘,被鼓励,被催化,在合适的环境下,才会显现出来。对目前的学校教育模式,全球最有影响力的教育家之一、排名第一的 TED(技术、娱乐、设计)演讲人,英国人肯·罗宾逊爵士(Sir Ken Robinson)就直言"学校正在扼杀创造力",因为学校教育本身的单一化、标准化、定制化,"使我们逐渐偏离了我们与生俱来的天赋"。由此,对孩子天赋的发现,父母就有着重大的使命。如果我们还保留着对学校与家庭关系的传统认知,必然是对生命最大的伤害与践踏。父母需要认可、支持、催化孩子找到自己与他人不同的天赋,摒弃学校教育的束缚,超越学校教育的限制,鼓励孩子激活内在的潜能,体现生命的张力,释放生命的主体力量,从而感悟生命存在的意义和价值。家长作为发现者不仅要激活孩子内在的

《发现你的天赋》,路慧编,李慧中译,浙江人民出版社,2015

潜能,发现其独特的天赋,而且还要引领孩子"睁开眼睛看世界"。也就是说,这种发现不只是指向于内,而且也包括向外求。无疑,父母有责任引领孩子与自然、社会、历史、当下进行广泛的交往,帮助孩子以另一种方式、途径去发现、辨识存在于世间的真善美与假恶丑,进而丰富孩子的人生体验与感悟。

第四,家长是赞美者。人是环境的产物,尤其是人所处的微观环境对其产生的影响更为直观。"蓬生麻中,不扶而直;白沙在涅,与之俱黑""近朱者赤,近墨者黑"等诸多描摹环境对人影响的古训不时地在提醒着我们。令人遗憾的是,在面对孩子教育时,它们却常常被束之高阁,弃置一边。人的成长都经历过一个从依赖外部评价到自我内在独立评价并进行决定选择和取舍的过程,特别是对成长的孩子尤其如此。孩子的成长与发展离不开家长对他的赞美。赞美给予孩子的是肯定和激励,孩子在参与相应活动中,不论自主性的还是合作性的,不只是表现出色,只要有所进步就应得到父母的赞美。它潜藏着父母对孩子在

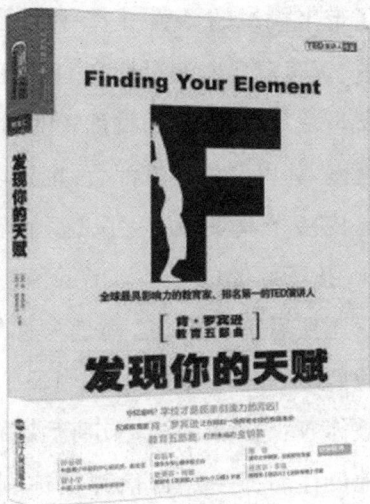

成长过程中的表现赋予的认同感，促进孩子自信心的增强；赞美会给孩子带来愉悦的体验，是一种积极的强化，暗示孩子应该坚持正确的做法，赞美蕴含着父母持有的价值观和对孩子的引导。传统家庭教育中，父母常常以否定者、批评者的角色出现，不留余地地对孩子加以训斥甚至谩骂，可谓极尽批评、否定之能事，似乎只有以如此方式才能证明自己比孩子高明，而且在这种情境中，孩子好像也不是自己的了。最后还要补充强调，这都是为你好。我们是不是可以这样说，当一个人被你 N 次批评、否定、伤害后，就是他仅存的那一点自信都被你剥光了，还要对你感恩戴德呢？这也让我情不自禁地想起了英国诗人菲利普·拉金的诗："他们害了你，你的爸爸和妈妈，虽然不是故意的，但是他们的确害了你。"所以，在中国的家庭里，不知有多少孩子都是在爱的名义下被否定、被伤害的，他们对未来丧失信心，不再有任何憧憬，生命的光环也由此开始黯淡下来。从这个意义讲，赞美更是对孩子的呵护与关爱，是唤醒孩子对未来的向往与追求的方式。

《高窗——菲利普·拉金诗集》，舒丹丹译，上海人民出版社，2016

　　家长是孩子成长的赞美者，并不是说只有一味的表扬与激励，也应有建立在规则意识上的批评与劝诫。这不是为了简单地去否定孩子，而是为了让他建立规则意识，养成尊重规则，按照规则行事的习惯，切实做到"使为则为，使止则止"，从而使孩子明了什么是应该坚持的，什么又是必须放弃的。

　　如前所言，在陪伴孩子成长的过程中，父母的确需要以不同的角色

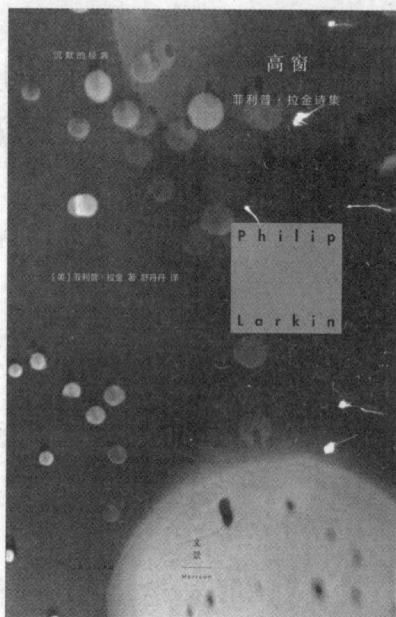

呈现在孩子的面前。父母需要成为爱的播洒者、孩子发展的引领者、孩子成长的陪伴者、孩子天赋的发现者、孩子潜能的点燃者、孩子成长的赞美者、孩子心灵声音的倾听者、孩子喜悦成功的分享者、孩子失望忧伤的承担者……

可以肯定地讲，没有天生成功的父母，也没有不需要学习的父母。毋庸置疑，好父母都是学出来的。活到老学到老，让学习成为一种生存方式、生活态度，更是对生命的尊重，是不断提高生命质量的一次超越自我的修行。正所谓欲教人者先教己，父母也只有通过不断地修养、塑造自己，才能真正地为孩子做示范、当榜样。

那么，作为父母应当如何修养自己呢？我们认为，一是修"心"，目的在于弃恶从善，长养德行，树立高品位的人生价值取向，使自己成为具有高尚道德的人，为找到社会生活的依据扎"根"立"心"。二是修"智"，目的在于破迷开悟，增长智慧，实现对宇宙、自然、人生、社会真谛与变化之通晓、洞察，使自己在社会生活中懂得善巧方便的道理，能够做到触类通达、圆融变通、心系天下、利益苍生。三是修"健康"，身心两健，以积极乐观的心态参与社会生活，主动适应社会需要，善待社会生活中的人与事，达成与自我、与他人、与社会之间的和谐、和睦、和乐。

正是通过这样的修养，让做父母的人能够着眼未来，观念先行，在孩子生命的早期即开始有可持续发展的人生设计，为孩子的发展做出正确的引领；

让做父母的人具有悲天悯人的情怀，为孩子植入善良的种子，种下善根，让"独善其身"与"兼济天下"同行；

让做父母的人具有海纳百川的胸襟，指导孩子懂得包容，学会接受，能够与人共同生活；

让做父母的人具有乐观豁达的心态，使孩子以积极乐观的心理状态应对生活中的不同挑战与各种遭遇；

让做父母的人有责任讲担当，培养孩子的责任感和使命感，使他们有舍我其谁的勇气与魄力；

让做父母的人有规矩讲原则，为孩子立界限，建立规则意识，行止有度，严谨恭敬；

让做父母的人具有矢志不渝的信念，使孩子明了坚守的意义，知晓不放弃的价值，做到持之有恒；

让做父母的人具有厚积薄发的功底，成为孩子成长中取之不尽的智慧源泉；培养孩子勤学善思的品质，鼓励孩子大胆怀疑、严谨求证，持有探索真理的勇气与敬畏；

让做父母的人具有见多识广的视野，为孩子搭建开放式的成长平台，使孩子清楚，因循守旧与故步自封是成长与发展道路上最大的障碍；

让做父母的人具有广泛多样的兴趣，会生活，从而为孩子创造丰富多彩、有品位、有格调的教育生活。

教子要有义方，是中国悠久的教育传统中的大智慧。让我们再次铭记"教，上所施下所效也"。

人有善愿，天必佑之！

愿每一位父母的都心怀善愿，塑造孩子美好的人生，成就孩子幸福的未来。

阅读经典

子孙虽愚,经书不可不读。

读书志在圣贤,非徒科第。

书卷乃养心妙物

　　阅读作为一种学习方式,不论是内容还是形式,都与人们的经历有着不同程度的交集,并深深影响着人的成长与发展。阅读既关乎眼光视界的开阔或偏狭,也关乎学识的广博与寡陋、见地的深刻与浅薄、情感世界的丰富与苍白、灵魂生活的高贵与庸俗,以及人格境界的高尚与卑微。

　　谈及阅读,在大众生活中,也就是我们所说的读书,它并不是一个陌生的概念。中国自古就有读书的好传统,"书犹药也,善读之可以医愚";"读书破万卷,下笔如有神";"粗缯大布裹生涯,腹有诗书气自华";"为学之道,莫先于穷理;穷理之要,必先于读书";"家纵贫寒,也须留读书种子"……这

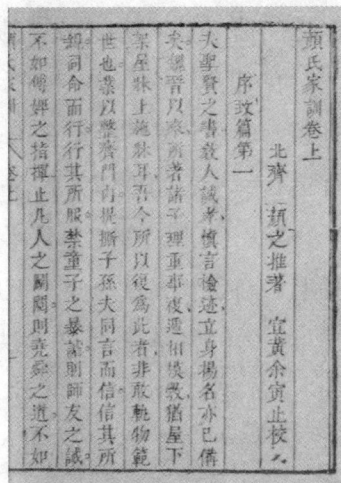

《颜氏家训》,清刻本

《聪训斋语》，扫叶山房发行

些箴言警句既为农耕时代知识分子的生活提供了范式模本，也成为诸多士大夫、官宦之家家风、家训中的重要训诫。如我国现存最早、影响极大的家训专著《颜氏家训》中，颜之推就告诫子孙："若能常保数百卷书，千载终不为小人也。"就是说，如果能够经常保有几百卷书籍，就是再过一千年也不会沦为小人的。要做到"明六经之指，涉百家之书"，通晓六经旨意，涉猎百家著述，强调要做到博览群书。康熙年间礼部尚书、安徽桐城人张英（其子张廷玉也位至军机大臣，这种现象在历史上实属罕见）在其家训著作《聪训斋语》中指出，"人心至灵至动，不可过劳，亦不可过逸，惟读书可以养之"，"书卷乃养心第一妙物"，"读书可以增长道心，为颐养第一事也"，读书是实现"养心"，提升个人道德修养的重要途径。

在《治家格言》中，朱柏庐先生则有"子孙虽愚，经书不可不读"的训诫。他在其另一家训名篇《劝言》中，对"读书"做了进一步论述，或许更有利于我们理解他为什么会提出"经书不可不读"的观点，即便是子孙资质、天赋愚钝，也不可将经书弃置一边。在《劝言·读书》中，朱柏庐明确了读书目的，"不但中举人进士要读书，做好人尤要读书"，读书可以参加科举取士，求得功名，更重要的是唯有读书才能做好人。因为"圣贤之书，不为后人中举人进士而设。是教千万世做好人，直至于大圣大贤"。圣贤之书不是为后人科举取士、获取利禄而撰写的，它是引导人们做好人，直至成圣成贤。所以，"读书志在圣贤，非徒科第"这样的教诲出现在《治家格言》中，也就不难理解了。为检验、评估读书的成效,达成读书目的,朱柏庐也有相应要求,"读一句书,便要反之于身,我能如是否? 做一件事,便要合之于书,古人是如何",也就是说,将读书在"身体而力行"中予以呈现,反躬自问,我能践履书中倡导的义理吗? 做一件事,就要以古圣先贤为榜样,我的行动、做法能与这些大圣大贤的思想、方法、愿望相契合吗? 与此同时,他也坚决反对浅尝辄止、夸夸其谈的炫耀之学,直言:"浮浮泛泛,胸中记得几句古书,出口说得几句雅话,未足为佳也。"对书的内容,朱柏庐也有规定和要求,"小说杂剧,此最自误,并误子弟",家中如有这样的书,"便为不祥",甚至要求"亟宜焚弃"。至于"诗词歌赋",他也认为"亦属缓事",都可以放在后面,不急于去读。那最应该及早阅读的书籍,又有哪些呢? 朱柏庐为后学子孙开出了书目。他认为上等学者"能兼通六经,及《性理》《纲目》《大学衍义》诸书"。达不到这样修养的人,也需要踏踏实实,去读《孝经》《小学》《四书本注》。这就是朱柏庐对"不可不读"的"经书"做出的规定。我们常讲"开卷有益",并且希望能大量阅读,做到"博览群书",进而开阔视野,增加储备,丰富情感,用阅读超越时空的限制,与古今中外的智者贤人进行心灵的沟通,灵魂的交往。简单地否定对文学作品的阅读,难以令人信服。但是,在这里,朱柏庐先生也提出了一个非常有意义的问题,即从什么样的书开始阅读。当然,朱柏庐先生有自己的答案:从阅读经书开始。

这里显而易见的是,"经书"即"圣贤之书",也是我们常说的经典。要求子弟、后学研读圣贤之书,在中国的知识阶层有着由来已久的文化传统和教育传统。早在孔老夫子兴办私学之时,即以"文、行、忠、信"(《论语·述而》)教诲弟子。这里的所谓的"文",主要是西周传统的《诗》《书》《礼》《乐》等典籍。犹如"子所雅言,《诗》、《书》、执礼,皆雅言也"(《论语·述而》)。又如"子曰:'兴于《诗》,立于《礼》,成于《乐》'"(《论语·泰伯》)。《史记·孔子世家》也有"孔子以《诗》《书》《礼》《乐》教"的记载。《庄子·天运篇》载,夫子见老聃时说,"丘治《诗》《书》《礼》《乐》《易》《春秋》"。以上叙述,一方面让我们看到夫子教育弟子的课程内容，另一方面，为后世儒家教育确定了最为原始的经书、原典，也让我们找到儒学精神之滥觞，儒家文化传统之渊源。

如果说，夫子兴办私学为弟子确定了课程体系（事实上，夫子不仅以"六经"教诲弟子，他还要求弟子演习"六艺"，即礼、乐、射、御、书、数），那么，在家庭教育中，夫子也有对儿子孔鲤学习经典的要求。

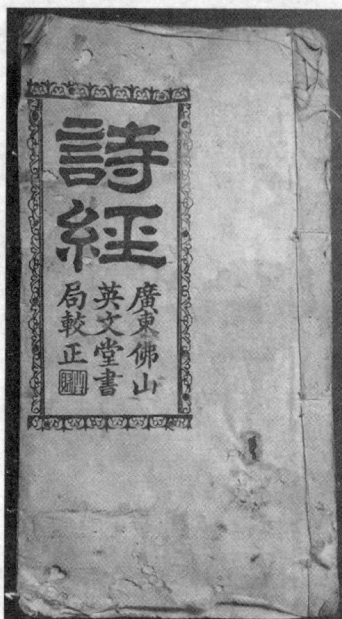

《诗经》，清刻本

《论语·季氏》："陈亢问于伯鱼曰：'子亦有异闻乎?'对曰：'未也。尝独立，鲤趋而过庭，曰：'学《诗》乎?'对曰：'未也。''不学《诗》，无以言。'鲤退而学《诗》。他日又独立，鲤趋而过庭。曰：'学《礼》乎?'对曰：'未也。''不学《礼》，无以立。'鲤退而学《礼》。闻斯二者。"陈亢退而喜曰："问一得三，闻《诗》，闻《礼》，又闻君子之远其子也。"陈亢问伯鱼说："你在老师那里听到过什么特殊的教诲吗?"伯鱼回答："没有呀，一次，他一个人在堂上站着，我从他面前跑过去的时候，他问我：'学《诗》了吗?'我回答：'没有。'他说：'不学《诗》，就没有办法在正式场合说话。'我就回去学《诗》。又有一天，他一个人站在院子里，我再次从他的身边经过，他说：'学《礼》了吗?'我回答说：'没有。'他说：'不学《礼》，就无法立身处世。'我就回去学《礼》。我听父亲的教诲，只有这两件事。"陈亢从孔鲤那里回来，非常高兴地说："我只问了一个问题，明白了三件事，一是要好好学《诗》，二是要好好学《礼》，三是听到君子不偏爱自己儿子的道理。"这就是孔子教子的故事。人们把父亲的教诲称为"庭训"，"庭训"是家教的代名词，就源自这个故事。

《论语·阳货》："子谓伯鱼曰：'女为《周南》《召南》矣乎? 人而不

为《周南》《召南》,其犹正墙面而立也与?'"孔子对伯鱼说:"你仔细读过《周南》和《召南》了吗?一个人如果没有认真读过《周南》和《召南》,就会像面朝墙壁而站的人一样,一无所见,寸步难行!"

从这两段话中不难看出夫子在家庭教育中,要求儿子孔鲤多读《诗经》《周礼》等典籍,学习古代文化,熟悉古代礼仪、社会典章制度、伦理道德规范,并了解社会风情,懂得在社会生活中应持有的言谈举止,礼仪修养,进而保证在学业和道德上有所建树。

今天,什么是经典

颜之推在其为"整齐门内,提撕子孙"而撰写的《颜氏家训·序致第一》开篇即言:"夫圣贤之书,教人诚孝、慎言、检迹、立身、扬名,亦已备矣。"古代圣贤的著述,是教人行忠孝的,说到要言语谨慎、行为要庄重自持、立身扬名等道理,而且说得已经很周全、完备了。也就是说,圣贤之书是古圣先贤洞察人生成长、社会发展之箴言妙语,圣贤之书是引领人生方向的范本。

阅读古圣先贤之经典的要求,古人在启蒙教育阶段就开始了。在李毓秀的《弟子规》中有"非圣书,屏勿视;蔽聪明,坏心志"。如果不是圣贤之书,就要摒弃它,不可阅读。因为它们会遮蔽你的耳目,障碍你的智慧,破坏你善良的本性与志节,让你分不清是非曲直。也就是说,唯有圣贤之书才可以为你断恶修善,长养德行,才可以使你破迷开悟,启迪智慧。在启蒙阶段,要求弟子学习经典,就是要使他们立心扎根,确定人生的方向与归宿。

就今天的读书生活而言,人们大力倡导阅读经典——不论是常读经典抑或是重读经典,这里有一个基本的问题需要确认:什么是经典?因猝然离世而与诺贝尔文学奖失之交臂的意大利当代作家伊塔洛·卡尔维诺,在《为什么读经典》一文中,给经典下了十四条定义,以层层递进的分析告诉我们:经典是什么?我们为什么要读经典?我把它摘录下来，与大家一同分享、学习：

一、经典作品是那些你经常听人家说"我正在重读……"而不是"我正在读……"的书。

二、经典作品是这样一些书，它们对读过并喜爱它们的人构成一种宝贵的经验；但是对那些保留这个机会，等到享受它们的最佳状态来临时才阅读它们的人，它们也仍然是一种丰富的经验。

三、经典作品是一些产生某种特殊影响的书，它们要么本身以难忘的方式给我们的想象力打下印记，要么乔装成个人或集体的无意识隐藏在深层记忆中。

《为什么读经典》，译林出版社，2006

四、一部经典作品是一本每次重读都好像初读那样带来发现的书。

五、一部经典作品是一本即使我们初读也好像是在重温的书。

六、一部经典作品是一本永不会耗尽它要向读者说的一切东西的书。

七、经典作品是这样一些书，它们带着先前的解释的特殊气息走向我们，背后拖着它们经过文化或多种文化（或只是多种语言和风俗）时留下的足迹。

八、一部经典作品是这样一部作品，它不断在它周围制造批评话语的尘云，却总是把那些微粒抖掉。

九、经典作品是这样一些书，我们越是道听途说，以为我们懂了，当我们实际读它们，我们就越是觉得它们独特、意想不到和新

颖。

十、一部经典作品是这样一个名称，它用于形容任何一本表现整个宇宙的书，一本与古代护身符不相上下的书。

十一、"你的"经典作品是这样一本书，它使你不能对它保持不闻不问，它帮助你在与它的关系中甚至在反对它的过程中确立你自己。

十二、一部经典作品是一部早于其他经典作品的作品；但是那些先读过其他经典作品的人，一下子就认出它在众多经典作品的系谱中的位置。

十三、一部经典作品是这样一部作品，它把现在的噪音调成一种背景轻音，而这种背景轻音对经典作品的存在是不可或缺的。

十四、一部经典作品是这样一部作品，哪怕与它格格不入的现在占统治地位，它也坚持至少成为一种背景噪音。

读过卡尔维诺对经典的诠释，您是否有与他几近相同的体悟，宛如遇到知己找到共鸣，使自己的灵魂有所皈依？或者说在他的言说中，激发了您对经典的渴望，亟需为自己的阅读生活补上这重要的一课呢？

经典以其独特的魅力存在于人们的阅读生活、精神生活、文化生活中。我们确信经典定然是超越时空、不为地域所限制、能经得起时间考验，具有普世意义的永恒佳作。经典印刻着古圣先贤对宇宙、社会、人性及人生的透彻理解，表征人类智慧的高峰；经典潜藏着古圣先贤对人类苦难、困境、噩运不可遏止的同情心，彰显了他们心系苍生、悲天悯人的大爱情怀；经典演绎着古圣先贤在探究与求索中的执着与坚韧，标示问题解决的思维模式和修养功夫；经典蕴含着古圣先贤对未来世界的向往与追求，畅言人类美好生活的期许与愿景。经典以其丰厚博大的资源、深邃通透的见地，深深影响一个民族的文化心理和心智模式。也正是在经典的照耀下，才能渐进建构、形成一个民族的文化传统，建构一个民族的心智模式，打造一个民族的核心价值观。经典凝聚人心，让我们找回共同的文化根基,理清文化发展变化的脉络轨迹;经典重燃信心,让敬畏与崇拜油然而生,使我们有了对文化的高度的认同感、归属感和自豪感,经典让我们的灵魂有了可以诗意栖居的精神家园。

经典有东西方之分吗

对于经典,不仅在中国有被奉为圭臬的儒释道文化著述。西方也有这样的佳作。尽管东西方文明各有其长,但于经典而言,不论是古今流变还是中外融通,它所言说的思想、观点在历史长河的洗礼中,呈现出历久弥新、历久弥香的气质。无可否认的是,这也恰好是经典之所以成为经典的基本理由。基于不同的民族、地域、文化背景的差异,呈现的经典也有所不同。包容、尊重、学习是对不同文化、文明背景下经典应持有的基本态度。"海纳百川有容乃大""他山之石可以攻玉"都是古圣先贤给予我们的最好的教诲和启示。从历史的角度看,在过往与当下的存续与嬗变中,经典依旧会产生恒久的力量。杨振宁先生作为

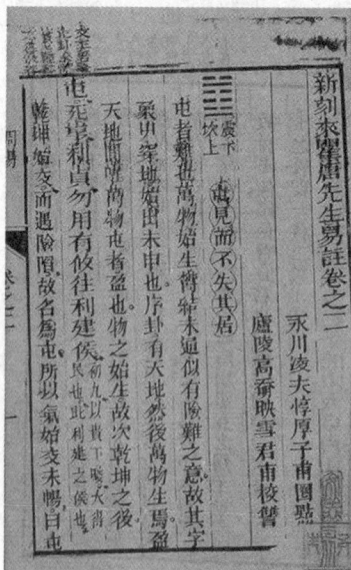

《易经》,清刻本

诺贝尔物理学奖得主,他的学术成就是一个典型的案例。他曾在自传中写道:在中学阶段念书时,父母要求他背诵《孟子》。当时的他没有选择说不的权利与勇气,只好勉为其难,把整本《孟子》装进记忆中。上大学后,他学习自然科学,一路走来极为顺利,并获得国际肯定。他说,"读《孟子》使我终身受益。《孟子》里很多儒家哲学影响了我后来的人生观和为人处世的态度,对于社会结构、物理结构的认识也有很大的影响。这些远比父亲那时候教我微积分要有用得多。"在科学

研究中,一些重大思路的形成,杨振宁先生也认为这主要是得力于中国古代文化的理念。他说之所以怀疑 O.Laporte 的奇偶性对等不灭定律,这和他在西南联大读《易经》的心得有关。《易经》中既有阴阳相似的道理,同时也有阴阳消长或阳盛则阴衰,阴盛则阳衰,剥极必复,否极泰来的道理。类似的例子还有很多,这就是中国古圣先贤智慧经验所蕴含的潜在力量。

与杨振宁先生一同获得诺贝尔物理学奖的还有李政道先生,他们因在 1956 年提出弱相互作用下的宇称不守恒而获此殊荣。1959年,英国科学家 C.P.斯诺在剑桥大学发表了《两种文化》的著名演讲,高度评价李、杨的发现是科学史上最惊人的成果之一,完全可以与 1957 年人类成功发射人造地球卫星相媲美,"这是一项极其漂亮而富有的独创性的成就,世人对此感到如此震惊,以至忘记了他们的思维是何等的漂亮,它使我们重新思考物理世界的某些基本原则"。饶有趣味的是,1946 年,20 岁的李政道没有小学、中学和大学文凭,他是经吴大猷教授的举荐而获得留学机会进入芝加哥大学物理系的。李政道先生由于没有大学本科学历,是不能进研究生院的。但芝加哥大学颇为特殊,只要学生通读过 Hitchin(哈特金)校长指定的几十部西方古今名著,并通过相关考试,没有本科学历也可以读研究生。据李政道博士回忆,他当时几乎连这些书名和作者都没听说过,更不用说对柏拉图、亚里士多德以来的西方思想文化的了解了。"我向芝加哥大学招生办公室的负责人解释,我对东方文化的名著,孔子、孟子、老子等的学说尚有些造诣,而这些东方文化名著与哈特金校长指定的书文化水平相当。他们信了,觉得也有其道理,就让我先进芝大的研究生院试读。"在李政道进入物理学的堂奥前,他的中国文化背景非常浓重,只知孔孟、老庄,不知柏拉图、亚里士多德,这是很耐人寻味的。在他以后的科学发现和探索中,中国文化和民族智慧究竟起着什么样的作用,这是一个很有意思的问题。在中华民族智慧和西方知识体系之间,他们怎样取得平衡和突破,是一个应该引起教育界、文化学界和科学界同时关注的命题。

从中外文化汇通的角度看，不论是西学东渐还是东学西行，经典在跨文化的比较与交流中，以及在个体生命发展的水平中都有极高的意义和价值。从西学东渐的视角出发，因两次鸦片战争的失败，清政府于1862年创建的京师同文馆，通过翻译、印刷出版活动，使其成为了解西方世界的窗口。近代著名的翻译家、教育家严复翻译《天演论》，创办《国闻报》，系统介绍西方民主和科学，宣传维新变法思想，将西方的社会学、政治学、政治经济学、哲学和自然

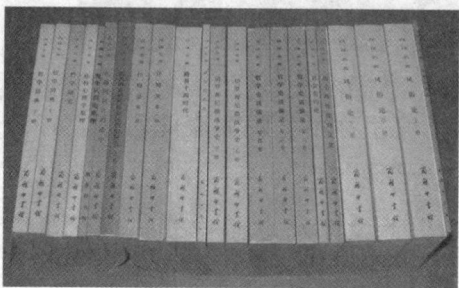

汉译世界学术名著丛书，商务印书馆

科学介绍到中国。如今为我们熟悉的商务印书馆以"汉译世界学术名著丛书"为代表的出版物，让我们对域外政治、经济、哲学、历史、法律和社会学等学科的研究历史与现实水平有了更为充分的认识，开阔了我们的学术视野。三联书店、上海译文等出版社的译著，以及更多有关海外学术经典的译介，都成为西学东渐的桥梁和纽带。

同样，中国文化、经典的输出——东学西进也是如此。道家经典《道德经》在西方的传播即是很好的说明。早在16世纪，《道德经》就被译成西方文字，17世纪后逐步传入欧洲。《道德经》传入德国已经有几百年的历史，从1870年第一个德译本后，《道德经》的德文译本多达82种，研究老子思想的专著也高达700多种。

德国哲学家莱布尼茨最初正是根据伏羲黄老的阴阳学说提出了二进制思想。当他看到《河图洛书》的拉丁文译本后，惊呼"这是宇宙最高的奥秘"，并给太极阴阳八卦起了一个西洋名字"辩证法"。由此，我们可以自信地说以老子为代表的伏羲黄老学说，才是真正的辩证法之祖！

莱布尼茨的论述深刻影响着伊曼努尔·康德，使康德成为著名的哲学家，成为辩证法的奠基人和阐发者。黑格尔师承康德，把老子学说看成真正的哲学，将老子所说的"一生二、二生三、三生万物"发挥得淋漓尽致，使其哲学逻辑合理，充满生气，理论新奇，论述动人。哲学家海德格尔更把老子的"道"视为人们思维得以推进的渊源。尼采在读完《道德经》之后，大加称赞，说老子的思想"像一个不枯竭的井泉，满载宝藏，放下汲桶，唾手可得"。托尔斯泰也曾说，自己良好精神状态的保持应当归功于阅读《道德经》。

特别是一战结束后，欧洲出现了从东方寻求救世良方的浪潮。1919 年梁启超到达西欧参观，当他向西方友人说起孔子、老子等人的中国传统思想时，那些友人听后都跳了起来，并埋怨他，家里有这些宝贝却藏起来不分给他们，真有些对不起人。

英国哲学家罗素在 1919 年来到中国，他认为中国人提倡的礼让、和气、智能、乐观的人生之道远非西方文化所能及，因此要学习中国的道德哲学。1919 年，德国诗人科拉邦德写了一篇《听着，德国人》，在这篇文章中他号召德国人应当按照"神圣的道家精神"来生活，要争做"欧洲的中国人"。

就《道德经》而言，几百年来，西文译本总数近 500 种，涉及 17 种欧洲文字，在译成外国文字的世界文化名著发行量上，《圣经》名列第一，《道德经》高居第二，可见老子及其思想在西方受欢迎的程度。

堪称 20 世纪最伟大的历史学家、英国著名学者阿诺德·汤因比博士认为，人类的希望在东方，而中国文明将为未来世界转型和 21 世纪人类社会提供无尽的文化宝藏和思想资源。为解决未来人类社会何处去的问题上，他明确提出，向大乘佛学和孔孟之道寻求智慧。换言之，也就是说，向承载中国文化、华夏文明的经典求智慧。

20 世纪 90 年代，《全球伦理宣言》以耶稣的名言"你们愿意人怎样待你们，你们也要怎样待人"和孔子的名言"己所不欲，勿施于人"（《论语·卫灵公》）作为理论支持。夫子"己所不欲，勿施于人"成为其重要的理论基础之一。

以上现象足以说明经典在中西文化交流与碰撞中呈现出的融合、汇通的态势，以及经典在应对社会问题时为我们提供的智力支持。

然而，面对经典，人们往往会表现出极度的崇拜，对其顶礼膜拜、俯首称臣，给予尊重、景仰甚至迷信，则是不可取的。在阅读中，对经典持有怀疑与追问，研讨与探究，保持灵魂的自由、思想的独立与人格的完整，辩证地认识经典则是阅读学习中应持有的基本态度和主张。与此同时，我们也需要意识到经典本身具有的自主修复功能，以及由此产生的教育力量。如《礼记·经解》，夫子说，"其为人也，温柔敦厚而不愚，则深于《诗》者矣；疏通知远而不诬，则深于《书》者矣；广博易良而不奢，则深于《乐》者矣；洁静精微而不贼，则深于《易》者矣；恭俭庄敬而不烦，则深于《礼》者矣；属辞比事而不乱，则深于《春秋》者矣"。阅读经典，需要以整体联系、辩证圆融的思维方式予以审视，方能得到正知、正见、正解、正觉，才能实现德行长养，智慧增加，成就人格的丰富与完善，实现人生的幸福与圆满。

阅读经典，与圣贤为伍

英国哲人弗朗西斯·培根在其随笔《论读书》中，对读书的意义和目的有着精彩且精辟的论述："读书足以怡情，足以博彩，足以长才。其怡情也，最见于独处幽居之时；其博彩也，最见于高谈阔论之中；其长才也，最见于处世判事之际。""读史使人明智，读诗使人灵秀，数学使人周密，科学使人深刻，伦理学使人庄重，逻辑修辞之学使人善辨，凡有所学皆成性格。"在百科全书式的经典阅读中，穿梭于不同的学科领域，在人类的智慧殿堂里，达成变化气质，塑造人格之目的。

阅读经典，与圣贤为伍，需要我们以开放的心态，以"睁开眼睛看世界"的渴望与胸怀面对世界，而不是做一只坐井观天的"青蛙"。阅读经典首先需要我们成为读书人。

就在不久前,中国新闻出版研究院组织实施了第十三次全国国民阅读调查,调查的结果却令人担忧。调查显示,2015 年我国 0—17 周岁未成年人的人均图书阅读量为 7.19 本,比 2014 年的 8.45 本减少了 1.26 本;2015 年我国 0—8 周岁儿童的家长平均每年带孩子逛书店 2.98 次,比 2014 年的 3.52 次有所减少;另外,近两成中小学生不知道该读什么书。无疑这组数字是让我们倍感尴尬的,也让我们深感忐忑。

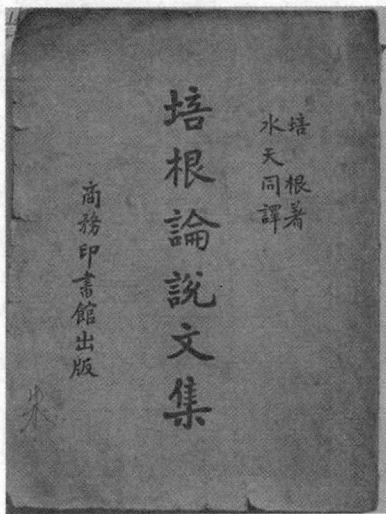

《培根论说文集》,水天同译,商务印书馆,1950

再让我们看一组数据,有 91% 的德国人在过去一年中至少读过一本书。其中,23% 的人年阅读量在 9—18 本之间;25% 的人年阅读量超过 18 本,大致相当于每三周读完一本书。70% 的德国人喜爱读书,一半以上的人定期买书,三分之一的人几乎每天读书。值得一提的是,在所有年龄段的人群中,30 岁以下的年轻人读书热情最高。14 岁以上的德国人中,69% 的人每周至少看书一次;36% 以上的人认为自己经常看书;22% 的人看很多书;16% 的人则有每日阅读的习惯,属阅读频繁者。8000 多万的德国人拥有全球第二大图书市场,年市场销售总额达 96 亿欧元。德国年出版新书 9 万余种,平均每万人 11.5 种。德国还是全世界人均书店密度最高的国家,平均每 1.7 万人就有一家书店。

两组完全不同的数据,让我们汗颜羞愧,还有情不自禁的自责。在应该读书的年龄里不读书,在应该学会读书的年龄里不会读书。这样的阅读状况何以造就书香社会,建构全民阅读文化,而且,它将给未来社会带来极度的不稳定,甚至影响国家的未来。

阅读,让我们成为读书人,让我们的生命之旅超越时空享有更为浩瀚无垠、色彩斑斓的世界,让我们的灵魂更为自由,精神更加独立,让我们获得有限生命的无限可能性,成为拥有超乎个人生命体验的幸福人。

让我们成为读书人,阅读经典,与圣贤同行,营造书香社会,不只是为实现文化的传承,更在于孕育、创造华夏民族的未来。

行止有度

自奉必须俭约,宴客切勿留连。

勿贪意外之财,勿饮过量之酒。

处世戒多言,言多必失。

凡事当留余地,得意不宜再往。

节制是一种美德

在著名心理学家、精神分析学派鼻祖弗洛伊德看来,人类是充满欲望并受欲望驱使的动物。我们也常把弗洛伊德的观点简单地说成"人是欲望的动物",把它作为对人性的一种认识。事实上,在大众生活中,有关描述人之欲望的谚语、警句也是多不胜数。"人心难满,欲壑难填""欲生于无度,邪生于无禁""人心不足蛇吞象,贪心不足吃月亮""无利不起早,有利盼鸡啼"……这些谚语、警句似乎都在告诉我们人性的贪婪。我们一方面要学会理解,另一方面也要有所警惕。理性地讲,人的欲望本是一个中性词,无所谓褒贬,只有人们赋予欲望以明确的目标指向,并以利己与利他作为基本的评价标准、尺度时,才有了诸如是非、善恶、美丑,节制与贪婪、正义与邪恶、进步与堕落等具有道德评价的判断与选择,它在某种程度上隐含着主流社会生活所认同或推崇的价值观。

不可否认的是,人的欲望含有基于满足本能需要的,反映人自然属性的诸多特征。与此同时,人的欲望也有反映道德生活要求与规范的社会属性。在大多数情形下,人们的需要往往表现出的是,人的自然属性与社会属性之间的妥协,并寻求两者之间的平衡。当然,无数的事实告诉我们,基于满足人自然属性的需要与基于满足人社会属性的需要,常常也是处于一种较量挑战甚至是矛盾冲突的状态中,任何一方胜出或居于主导地位,都会对个体生命的成长抑或是社会生活的走向产生重要的影响。

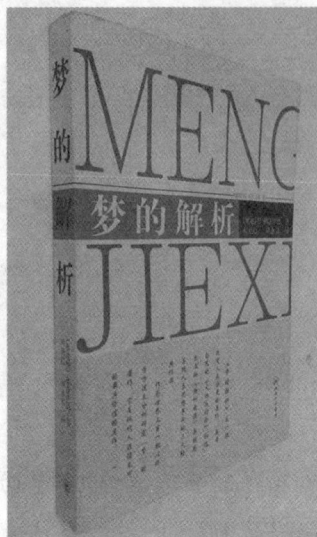

《梦的解析》,上海三联书店,2008

欲望反映了我们的需要,从对象上讲,有崇尚实利满足的物质需要,也有追求高雅审美、智慧交往的精神需要;从时间上讲,有对当下即时性满足的需要,也有对未来充满期许的需要;从性质上讲,有充满邪恶,处处标明唯我是尊、利己的骄奢淫逸,也有富含道义,彰显胸怀天下、利他的扶危济困。从需要影响的价值取向看,有负向,产生消极影响,阻碍人与社会获得更好发展的需要;也有正向,产生积极影响,推动人与社会实现良性发展的需要。

不论我们遵循什么样的标准对需要进行分类,需要都是构成人们个性倾向性的重要因素之一。面对需要,我们应有一个合理、正确的态度,为满足需要所实施的行动都应持有适宜恰切的行为。这也就是我们提倡的"行止有度"。所谓的行止有度,即为而有止,是指人们的观念与行为符合道义要求,在关系中处于一种适宜度的平衡状态。这里的"道义"与"平衡"是"度"的表征形式,蕴含着社会伦理规范,它符合社会进步所要求的价值取向。"行止有度"反映的是一种修养,它是一个人内在的自控力,如古希腊崇尚的四美德之"节制",如我们今天常说的一句话:节制是一种美德。"行止"是其表,是形式,以外显的方式存在;"有度"是其里,是内核,以内隐的方式存在。

在《治家格言》中,朱柏庐训育子弟,"自奉必须俭约,宴客切勿留连"。对自己的生活必须做到节约、节俭;招待客人或者是大家聚会,不能流连忘返,不要沉迷于觥筹交错的欢愉和享乐,应该做到适可而止。《论语·乡党》中云:"食不厌精,脍不厌细。食饐而餲、鱼馁而肉败,不食;色恶,不食;臭恶,不食;失饪,不食;不时,不食;割不正,不食;不得其酱,不食。肉虽多,不使胜食气。惟酒无量,不及乱。沽酒市脯,不食。不撤姜食,不多食。祭于公,不宿肉,祭肉不出三日。出三日,不食之矣。"这段话是说孔子对待饮食的态度。他提出了"食不厌精,脍不厌细"的饮食要求;并主张食物放久变味了,鱼和肉腐烂了,都不吃。颜色难看的,不吃。味道难闻的,不吃。烹调不当的,不吃。季节不对的,不吃。切割方式不对的肉,不吃。没有相配的调味料,不吃。即使吃的肉比较多,也不超过平时的饭量。只有喝酒不规定分量,但是从不喝醉。买来的酒与肉干,不吃。姜不随着食物撤走,但不多食。

当读到这一段时,您或许会惊讶,这么多的"不食",即便是"不撤"的"姜食",也是要做到"不多食"——夫子的饮食竟然有这么多的要求和讲究啊!那夫子岂不是一个大美食家了?并非如此!"不食"是因有所"止"——止于健康,它反映了夫子的养生之道。以夫子的标准,我们今天真的没有什么可吃的。病从口入,是大家熟烂于心的常识。现今,人们也都在讲吃出健康。然而,食品安全却成为百姓现实生活中最大的隐患。以不良商人为核心的利益链,唯利是图,图财害命,丧尽天良。毒奶粉、毒生姜、牛肉膏、染色馒头、毒大米、人造蛋、地沟油、瘦肉精、苏丹红等诸多制品争先恐后地出现在我们的餐桌上、食物中。令人尴尬却让人更愤怒的现象出现了:卖豆芽的人不吃豆芽,卖豆腐的人不吃豆腐,卖猪肉的人不吃猪肉,卖鱼的人不吃鱼,卖鸡的人不吃鸡!试问:这个世界还有什么能让人放心食用?国人在这样"民以食为天"

的生存境遇中又能怎样谈养生呢？食品安全蕴含大道德，它关系个体生命，关乎民族未来。显然，这些造假的生产者是不懂"止"的道理的，他们也必将受到应有的惩罚。

朱熹对"不撤姜食，不多食"注为"适可而止，无贪心也"。而在人们现实的社交应酬中，往往是不论几个人，都是满满的一大桌子，没完没了地斟酒、劝酒。因为人们信奉不劝没有诚意、不喝不够意思的酒桌哲学。结果是烂醉如泥，丑态百出，正应了"饮酒醉，最为丑"。这与朱柏庐先生在下文中训诫"勿饮过量之酒"的用意是一致的。

天地之间，物各有主

同样，朱柏庐先生也告诫我们"勿贪意外之财"。无论是"意外之财"还是"过量之酒"，强调的都是不应超过应有的"度"。对"意外之财"而言，"度"就是道义。正如夫子所言："富与贵是人之所欲也，不以其道得之，不处也；贫与贱是人之所恶也，不以其道得之，不去也。"（《论语·里仁》）富贵与贫贱，尽管是人之"所欲"或人之"所恶"，但是不合道义，就要远离富贵，也不必急于摆脱贫贱。夫子进一步讲，"不义而富且贵，于我如浮云"（《论语·述而》）。用不正当的手段而得到的富贵，对我来说就像浮云一样。苏轼在《前赤壁赋》中写道："夫天地之间，物各有主。苟非吾之所有，虽一毫而莫取。"天地之间，万物各有主宰者，若不是自己应该拥有的，即使一分一毫也不能求取。可见其间的原则与操守，正是"止"之所表。

对"意外之财"的态度与做法，东汉"杨震四知"的故事更令人赞叹。《资治通鉴》记载，杨震迁东莱太守。当之郡，道经昌邑，故所举荆州茂才王密为昌邑令，谒见，至夜怀金十斤以遗震。震曰："故人知君，君不知故人，何也？"密曰："暮夜无知者。"震曰："天知、神知、我知、子知。何谓无知！"密愧而出。"杨震四知"充分说明了做人做事一定要诚实自律，行止有度。不能因为别人是否看得见而决定自己的行为，不能因为他人没有看见就可以做那些对不起良心、违反社会公德的事。杨震此举，充分显示了他的人格：自尊自贵，独立不倚。这也恰是儒家倡导的重要修养方法"慎独"。不论是《大学》中，"所谓诚其意者，毋自欺也。如恶恶臭，如好好色，此之谓自谦。故君子必慎其独也。小人闲居为不善，无所不至，见君子而后厌然，掩其不善而著其善。人之视己，如见其肺肝然，则何益矣！此谓诚于中，形于外。故君子必慎其独也"，还是《中庸》中，"莫见乎隐，莫显乎微。故君子慎其独也"，说

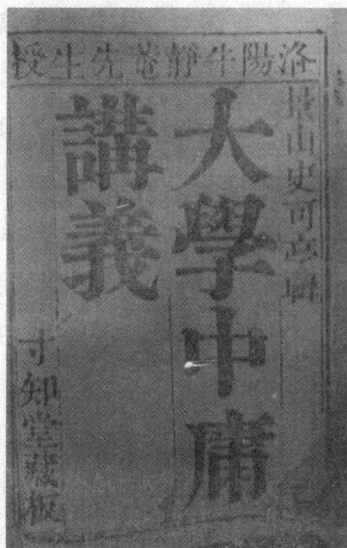

《大学中庸讲义》，清刻本

的都是这个道理。这也是做人当有的内在的觉悟，正所谓"我是一切的根源"！做人终究需要由内在的自律而非外在的他律进行自我约束和规范。

今天，我们看到或听到各级官员的贪腐现象，他们总是因触犯党纪国法而被惩处。事实上，这只不过是对结果的审判与应答，并非真实原因所在。而且，诚请大家注意，似乎在所有贪腐人员的忏悔书中都有这样的句子：存在侥幸心理，辜负了党的培养、人民的信任……诸多对外在约束力量的自责与愧疚，恰恰缺少了对自我行为进行深度且真诚的检省。换句话讲，这些人即便在悔过中，也依然停留在由"他律"来决定、判断自己的行为。而人在道德层面的发展与成熟，最终是以人的自律水平为依据的。无视自律、自觉，仅凭借外在的他律进行规范和约束，或许是贪腐现象前仆后继、层出不穷的一个重要原因。在《论语·颜渊》中，颜渊问仁。夫子的回答是，"克己复礼为仁。一日克己复礼，天下归仁焉。为仁由己，而由人乎哉？"实践仁德的关键在于自己，还能依靠别人吗？《孟子·离娄上》云："行有不得，反求诸己。"说的也是

这个道理,发人深省!但是,现实生活中,很多人不能反躬自问,而是怨天尤人,把所有的责任都推给别人,把所有的利益都留给自己。俗话说,"凡夫畏果,菩萨畏因",正如南怀瑾先生在《论语别裁》中对"慎终追远"的诠释:需要有对原因与结果的追问,辨别其中深层的原因。也就是说,我们没有理由不究其根本,因为对结果的任何慨叹都不会实现对问题的真正解决。对我们来讲,最为重要的是不断升华自我的境界,提高自身的修养,实现自我内在的超越与突破。

过量之酒与兰亭雅集

在现实生活中,"宴客流连""饮酒过量"这样的现象早已是常态。当然,很多人对此都会有不同的理由给自己一个解释、一个交代。但是,在某种程度上讲,又有谁能否定发生这些现象的根本原因不是对自己的放纵与娇惯呢?"饮酒过量"一定是超过了自己的限度。现在人们也在讲,小酌怡情,大喝伤身。事实上可以确定,不论酒量大小,饮过量之酒都会伤害自己的身体,包括出现因饮酒导致的命丧黄泉。如果有这样的结果,就会让更多的人为此而伤心。这也让我情不自禁想起,"身体发肤,受之父母,不敢毁伤,孝之始也"(《孝经·开宗明义章》)。所以,任何解释、交代无非是一种掩饰罢了。

然而,对饮酒确实又有许多值得说说的大事件。在饭席酒桌上曾经演绎出多少历史故事,让人回味无穷。《三国演义》就有关羽"温酒斩华雄"的情节,在华雄斩杀潘凤等大将,耀武扬威、不可一世之时,关羽主动请缨,在温酒未冷的极短时间内斩杀华雄,关羽从此名震诸侯。还有"青梅煮酒论英雄",曹操、刘备二人的这场酒局可以说就是一场政治交心。从曹操的"说破英雄惊杀人"到刘备"随机应变信如神",可谓步步玄机。曹操的睥睨群雄之态、雄霸天下之志表露无疑。而刘备随机应变,进退自如,也表现出了一世豪杰所应有的技巧和城府。更有"群英会蒋干中计",周瑜假装醉酒泄露机密,让蒋干以鸡鸣狗盗之事而中计,以便达到自己的军事目的。此刻,是否又应了"觥筹交错尽虚伪,推杯换盏无真衷"呢?

或许宋太祖赵匡胤设计的酒局——"杯酒释兵权",最为柔软而诡诈。赵匡胤自从陈桥兵变黄袍加身,摇身一变成为皇帝,一直心中不安。他担心历史会重演,于是想解除手下一些大将的兵权。于是在961年和969年,赵匡胤先后安排两次酒局,召集禁军将领石守信、王审琦等饮酒,使其告老还乡以享天年,彻底解除他们的兵权;召集节度使王彦超等宴饮,解除了他们的藩镇兵权。由此开启了宋朝重文轻武的国家体制。这一做法成功地防止了武将的政变,却大大削弱了部队的战斗力,以致宋朝在与辽、金、西夏的战争中,连连败北,直至被元政权灭亡。

或许东晋兰亭会,会让人更为向往。王羲之《兰亭集序》为我们描摹了其时盛景。"永和九年,岁在癸丑,暮春之初","群贤毕至,少长咸集。此地有崇山峻岭,茂林修竹,又有清流激湍,映带左右","虽无丝竹管弦之盛,一觞一咏,亦足以畅叙幽情"。

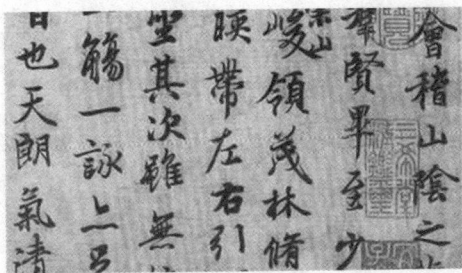

《兰亭集序》(部分)

"是日也,天朗气清,惠风和畅。仰观宇宙之大,俯察品类之盛,所以游目骋怀,足以极视听之娱,信可乐也。"兰亭聚会之盛况使人有身临其境之感。兰亭周围优美的环境,如诗如画,悠然浪漫,大家完全可以摆脱世俗烦恼,尽情享受自然美景,直抒胸臆。人与自然达致和谐,美不胜收。此时不论小酌还是豪饮,恐怕都会激活文人墨客心灵深处的情怀,实现与自然、与社会、与自我之间的真诚对话。

至于到历史中的个体,想必大家都熟悉,在《短歌行》中,曹操以"对酒当歌,人生几何"开唱,表"何以解忧,唯有杜康"之性情。刘伶嗜酒，意气风发，"借杯中之醇醪，浇胸中之块垒"，酒风豪迈，作《酒德颂》，"无思无虑，其乐陶陶。兀然而醉，豁尔而醒。静听不闻雷霆之声，熟视不睹太行之形，不觉寒暑之切肌，利欲之感情"，酒醉后只在浑然忘我。陶渊明《五柳先生传》中的五柳先生则"性嗜酒，家贫不能常得。亲旧知其如此，或置酒而招之。造饮辄尽，期在必醉；既醉而退，曾不吝情去留"倒也率性。历来为人津津乐道的"李白斗酒诗百篇"，是出自杜甫《饮中八仙歌》之一首。《饮中八仙歌》以其富有特色的"肖像诗"，写出八个酒仙在嗜酒、豪放、旷达等诸多方面的相似性，构成一幅栩栩如生的生活画面。在唐人唐诗中，与酒有关的逸事、诗句更是不胜枚举。苏轼则在"丙辰中秋，欢饮达旦，大醉"，作"明月几时有，把酒问青天……"孤高旷远，豪放不凡的气魄令人感叹。

也就是说，饮酒对我们现实生活的影响由来已久。2017 年 2 月 4 日，商务部公布的最新数据显示：丁酉年新春期间，从除夕到正月初六，全国零售和餐饮企业实现销售额约 8400 亿元，比去年春节黄金周增长 11.4%。不知道这里有多少与饮酒有关。但是，相信"无酒不成宴"的习俗，会让人们在节日生活有很多的饮酒机会。许慎《说文解字》云："酒，就也，所以就人性之善恶。"

酒 （IO 子酉切）

就也，所以就人性之善恶。从水，从酉，酉亦声。一曰：造也，吉凶所造也。古者仪狄作酒醪，禹尝之而美，遂疏仪狄。杜康作秫酒。

【译文】酒，遷就，是用来遷就（助长）人性的善良和醜恶的饮料。由水、由酉会意，酉也表声。另一义说，酒是成就的意思，是吉利的事、不祥的事成就的原因。古时候仪狄造酒，大禹嚐酒而以爲酒味醇美，於是就疏遠了仪狄。又，杜康製作了高粱酒。

《说文解字》：酒，就也，所以就人性之善恶。

所以就人性之善恶。"可见，酒可以与人性之善恶相契合。酒可以助兴，彼此相见甚欢，其乐融融；酒也会乱性，乐极生悲，遭致飞来横祸。"勿饮过量之酒"，言简意赅！

处世戒多言

在《治家格言》中，朱柏庐先生还讲到，"处世戒多言，言多必失"，告诫我们处世必须慎言，不可以多说话，因为说多了很有可能说错话，给自己带来不必要的麻烦，甚至是灾祸——因为祸从口出。这里朱柏庐先生讲的是，言亦有"止"。

知行合一、表里如一、言行一致，历来为人所称道，也是现今社会生活中倡导、崇尚的价值观。这里充溢着诚实、正直、勇气、坚毅、执着、责任、担当、践行等为人们所尊重和赞美的价值选择。其根本原因则在于人们内在的信念与坚守，就像孟子给出的大丈夫因有"浩然之气"而表征"富贵不能淫，贫贱不能移，威武不能屈"的人格一样。当然，这里有着悠久而深厚的文化传统，特别是在儒家倡导的文化主张中，对人的言语和行动以及二者之间的关系都有着明确的要求和规范。就言语而言，我们认为有夫子要求君子应做到慎言的。《论语·为政》："子贡问君子。子曰：'先行其言而后从之。'"作为君子，应当是先做到想要说的，然后再说出来。先做后说，也是夫子倡导慎言的一个方法。《论语·宪问》："子曰：'君子耻其言而过其行。'"君子以说得多做得少为耻。《论语·里仁》："子曰：'古者言之不出，耻躬之不逮也。'"古人言语不轻易说出口，以说了而自身做不到为耻。所以，在孔子看来，君子在处理言语与行动的关系上，应该做到"敏于事而慎于言"（《论语·学而》），做事勤勉而说话谨慎。"君子欲讷于言而敏于行"（《论语·里仁》）强调的也是要少说多做。夫子强调慎言，因为言语不当有损君子形象。人的言语不管是其话语的内容还是话语的方式，都会直接或间接地反映出一个人的修养。《易经》就有"吉人之辞寡，躁人之辞众"，贤明的人言语就少，急躁的人言语就很多。一个人言语的多少，常常与其内心是否平和与安静有直接的关系。

君子慎言并不是不说话。在传统蒙学读本《弟子规》中，有"话说多,不如少。唯其是,勿佞巧"句。这里的"唯其是,勿佞巧"为慎言做了很好的说明,说话要按照事实来言说,不能花言巧语,讨好人或者是蒙骗人。《论语·学而》,夫子直言,"巧言令色,鲜矣仁!"巧言,花言巧语;令色,装出和颜悦色,这样的人,他的仁德是很少的。也就是说,巧舌如簧的人,夫子是怀疑他的道德的。老子《道德经》第八十一章有"善者不辩,辩者不善"句,说的也是这个道理。

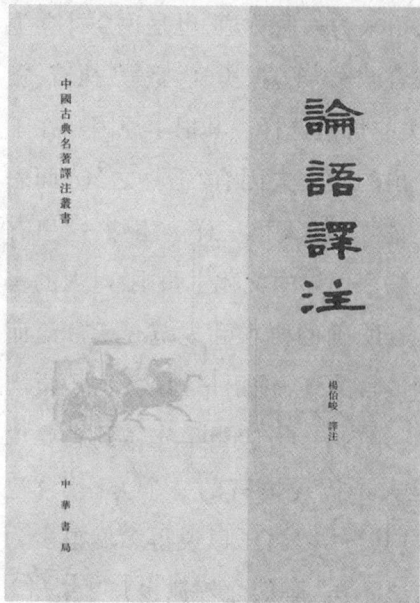

中國古典名著譯注叢書

論語譯注

楊伯峻 譯注

中華書局

《论语译注》,中华书局,2009

那么,在孔子看来,"话"到底应该怎么说呢?在《论语》中,有两处确实值得我们注意。一处是《论语·卫灵公》中:"子曰:'可与言而不与言,失人;不可与言而与之言,失言。知者不失人,亦不失言。'"夫子告诉我们,"可以跟他交谈却不跟他谈,是错失朋友;不可以和他交谈却和他谈,是说错了话。有智慧的人既不失去朋友,也不会说错话"。也就是说,该说的必须说,不需要说的也没必要浪费时间。

另一处是《论语·乡党》中:"孔子于乡党,恂恂如也,似不能言者。其在宗庙朝廷,便便言,唯谨尔。"孔子在乡里,谦恭温顺,好像不善言谈的人。他在宗庙、朝廷,说话清楚流畅,只是谨慎罢了。"朝,与下大夫言,侃侃如也;与上大夫言,訚訚如也。君在,踧踖如也,与与如也。"孔子上朝时,同下大夫说话,理直气壮,从容不迫的样子;同上大夫说话,和颜悦色而正直善辩的样子。国君临朝时,孔子是恭敬不安的样子,但又仪态适中。

通过以上这两章,我们可以看到夫子在人际交往中的形象。我们从中会发现,夫子在言语交际活动中,善于根据时间、地点、场合、话题、交际对象的不同,来选择自己的动作表情及恰当的言辞。

沉默的大多数

可以肯定地讲,夫子非常注意、重视自己在社交场合中的形象表情和恰当得体的言辞。可以说,夫子为"言有所止"做出了充分的诠释与示范,绝不是简单的"戒言",不说话,更不是庸俗、低级的明哲保身式的生存哲学。相信很多朋友读过马丁·尼莫拉牧师那段警世名言:

"起初他们追杀共产党,我不是共产党,我不说话;接着他们追杀犹太人,我不是犹太人,我不说话;此后他们追杀工会成员,我不是工会成员,我继续不说话;再后来他们追杀天主教徒,但我是新教教徒,我还是不说话;最后,他们奔我而来,再也没有人站起来为我说话了。"

还记得 1963 年 8 月 28 日吗?马丁·路德·金在华盛顿林肯纪念堂,面对 25 万人,发表著名演讲《我有一个梦想》。他以超凡的气魄和胆量,惊人的沉着与冷静,宽广的胸怀和视野,勇于忍受痛苦,坚持正确主张,敢于反抗暴力的精神,表达了自己对于美国白人和黑人拥有更加和睦关系的期望。他也曾讲过:"历史将记取的社会转变的最大悲剧不是坏人的喧嚣,而是好人的沉默。"回眸历史,我们或许会发现历史上无数悲剧都源于集体沉默。二战期间,德国普通民众大多已经隐隐知道那些被推上火车的犹太人的下场,但是他们对此不闻不问,照常买牛奶面包,上班下班,并对迎面走来的邻居依旧温和地问候"早上好"。当我们谴责令人发指的"南京大屠杀",尤其对日军残暴行为义愤填膺时,还原历史,让我心流血的不仅是 30 万同胞鲜活的生命,更因为太多人丧失了中华民族千百年来传承的美德——勇敢、担当,他们因选择集体沉默而发生人间惨剧。上世纪 60 年代,当学生们用皮带抽打老师,或者造反派暴力批斗"走资派"时,也有很多围观群众感到不忍,但他们只是默默地回过头去。

世俗生活中被宣扬甚至是崇尚的"沉默是金",或者一直被告诫的"祸从口出",无非只是市侩们的一种庸俗的生存哲学罢了,信奉的人最终将会为它买单的。而从马丁·尼莫拉牧师与马丁·路德·金的言语中,我们应该觉醒,并坚信:话是一定要说的!因为这里有尊严,有勇气,有责任,有使命。同时,对说话人的言论,我们真需要有如伏尔泰的情怀与境界,"尽管我可能不同意你的观点,但我愿意用生命誓死捍卫你说话的权利"。

事实上,对语言能力的培养,古今中外皆重视。在孔子对弟子的教育中,有"不学《诗》,无以言"(《论语·季氏》)的教诲,从诵读《诗经》中学习说话。因为"《诗》,可以兴,可以观,可以群,可以怨。迩之事父,远之事君;多识于鸟兽草木之名"(《论语·阳货》)。在夫子生活的时代,可以说《诗经》简直就是一部无所不包的百科全书,它让学习者认识自然、社会、自我以及彼此间的关系。同时,夫子对学习《诗经》也有要求,"诵《诗》三百,授之以政,不达;使于四方,不能专对。虽多,亦奚以为?"(《论语·子路》)读《诗经》不在于读了多少遍,关键是能够处理政事,出使国外可以独自应对。

此外,在孔子最优秀的学生中,即"孔门十哲"也有关于弟子言语能力的评价,其中以宰我(宰予)、子贡两人为最。"德行:颜渊、闵子骞、冉伯牛、仲弓;言语:宰我、子贡;政事:冉有、子路;文学:子游、子夏。"(《论语·先进》)

《理想国》,商务印书馆,1957

在古希腊、古罗马,语言能力是民主政治生活中很重要的工具。以普罗泰戈拉为代表的智者派向年轻人传授文法、修辞、辩证法,这三门课程是雄辩教育的核心。柏拉图《理想国》中记录了苏格拉底与众人间的辩论,他在探索真、善、美过程中所展示的语言能力令人惊叹。古罗马教育家昆体良有《雄辩术原理》传世。《雄辩术原理》就是把培养善良而精于雄辩术的人（即雄辩家）作为教育所要达到的基本目的。

通过语言进行交际、沟通、参与社会生活，已经成为现代人的一种基本生存能力，而且越发为人们所重视。然而，不无遗憾的是，我们时常会发现，现在似乎有很多人不大会说话，准确地讲，是不会与人沟通，甚至有人际交往障碍之嫌：还没有发声，已经是满脸通红，紧张得一句话也说不出来；也有低着脑袋、无视交往对象，一个人自说自话，在那儿表演起独角戏了；也有眼神环顾四周，什么都可以看就是不看谈话、交往的对象；也有滔滔不绝，没完没了，最后不知所云的……不知道在什么样的场合，说什么样的话是适宜的；也不知道根据交往的对象，怎样表达自己是得体的。原本一直以来都颇为自信的"话，谁还不会说"，如今却成了巨大的障碍和遭遇到的问题而横亘在我们面前，不能不让人忧虑。

得意不宜再往

在《治家格言》中，朱柏庐告诫我们"凡事当留余地，得意不宜再往"，不论做什么，都应当给自己留有余地，凡事当讲分寸，懂进退，多一些包容和理解，正如"事不可做尽，言不可道尽"。人在得意的时候，要懂得知足，不可以贪得无厌。老子《道德经》第四十四章云："名与身孰亲？身与货孰多？得与亡孰病？甚爱必大费；多藏必厚亡。故知足不辱，知止不殆，可以长久。"名声与身体、身体与财富、得到与失去，这些哪一个更亲近？哪一个更重要？哪一个更有害呢？过分吝惜、丰厚收藏都会遭致更大的耗费、惨重的损失，所以知道满足就不会遭受屈辱，知道停止就不会遇到危险，这样才可以长久。在老子的言论中，他以"知足不辱，知止不殆"告诫人们对虚荣、名利的过度贪图，对权势、地位的过分追求，并不能体现一个人真正的价值和尊严。现实社会，奢靡之风盛行，有人追名逐利，身体超负荷运转，诱发疾病导致猝死。有人为满足贪婪的欲望,利用职权之便,贪污腐败,索受贿赂,受到道德的审判和法律的制裁,被钉到历史的耻辱柱上。老子《道德经》第四十六章云:"天下有道,却走马以粪,天下无道,戎马生于郊。祸莫大于不知足;咎莫大于欲得。故知足之足,常足矣。"最大的祸害是不知足,最大的过失是贪得无厌。知道到什么地步就该满足了的人,则知足常乐。可以见"知足""知止"实在是一种大智慧,也更需要有勇气去判断、选择、持有、坚守。知"止"可以让我们获得心灵的安宁与快乐,享受灵魂的高贵与富足,让人的价值与尊严有所栖居。

"止"在中国的文化传统中,有着丰厚的积淀。《论语·先进》:"子贡问:'师与商也孰贤?'子曰:'师也过,商也不及。'曰:'然则师愈与?'子曰:'过犹不及。'"《论语·卫灵公》:"己所不欲,勿施于人。"《论语·季氏》:"君子有三戒:少之时,血气未定,戒之在色;及其壮也,血气方刚,戒之在斗;及其老也,血气既衰,戒之在得。"这里言及的"过"与"不及"反映的是没有达到"度"或者是超越了"度",未能达到两者间的平衡。"己所不欲",既然自己的想法能有所"止",那就应该一视同仁,做到"勿施于人"。"君子三戒"告诫我们的是,君子在不同的年龄阶段,其行当止于"色""斗""得",根本目的则在于使人做到"行有所止"。

《大学》中"三纲领",以"止于至善"为至高境界,并进一步教诲我们:"知止而后有定,定而后能静,静而后能安,安而后能虑,虑而后能得。物有本末,事有终始。知所先后,则近道矣。"因为"知止"而后有"定、静、安、虑、得",洞察"本末""终始",方能"近道矣"。在《大学》中,"《诗》云:'邦畿千里,维民所止。'《诗》云:'缗蛮黄鸟,止于丘隅。'子曰:'于止,知其所止,可以人而不如鸟乎?'"《诗》云:'穆穆文王,于缉熙敬止!'为人君,止于仁;为人臣,止于敬;为人子,止于孝;为人父,止于慈;与国人交,止于信",则进一步发挥、演绎了"止于至善"的经义,以便于达到"至善"的境界。不同的人有不同的努力方向,特别是因为"知其所止",也就是知道自己应该"止"的地方,找准自己的位置,而殊途同归,最后要实现的,就是通过"如切如磋,如琢如磨"的研修,而达到"盛德至善,民之不能忘"这样具有完善人格的人。

佛家文化中要求的诸多清规戒律,强调的也是"行止有度"。

我们认为"行止有度"具有普世价值理念的特征,亦为不同的文化所认同和倡导。比如,基督教的《圣经十诫》要求的也是行止有度,知其所止。

战国时代,"一代商圣"范蠡离楚投越,辅佐越王勾践,兴越灭吴,一雪会稽之耻,被尊为上将军。范蠡功成名就后,急流勇退。范蠡深知越王勾践为人,他写信告诫另一功臣文种:"蜚鸟尽,良弓藏;狡兔死,走狗烹。越王为人长颈鸟喙,可与共患难,不可与共乐。子何不去?"文种在接到信后便称病不上朝,但最终仍未逃脱被赐死的命运。而范蠡因为懂得"知止",智以保身,成名天下。

"汉初三杰"是刘邦成就帝王伟业的开国功臣。然而,他们各自的命运却不尽相同。在陕西汉中的张良庙里,有两块石碑。其一刻"送秦一椎""辞汉万户"八个大字。另一块刻"知止"二字。张良辅佐刘邦打败项羽,天下初定,他便托病隐退。在汉初"三杰"中,韩信被杀,萧何被囚,张良因懂得"知止",得以保全性命。

晚清重臣曾国藩,在攻破天京、平定太平军后,威震天下。当时部下劝他发动兵变,举湘军起事,自立为王。谁知,他怒不可遏,严词拒绝,并挥笔写下"倚天照海花无数,流水高山心自知"一联,以表心迹。而后他解散湘军,自削兵权,以释清廷之疑,终于保全了晚节,也换得了曾家子孙后代的平安、久长。

天地悠悠,过客匆匆。多少人随波逐流,终其一生而不知其所止。当今时代,生活的诱惑太多,机会太多,信息庞大繁杂,都给人们的选择带来不尽的困惑与苦恼。尤其是在一个信仰缺位、价值失衡的年代,追求功名几乎是崇尚优秀的代名词,作为独立的个体,我们意欲演绎、体现的生命价值究竟是什么呢? 明了、懂得"行止有度"的意义,定然会为我们的生命状态、生活状况描摹出另一幅图景来。

因果不空

刻薄成家,理无久享;伦常乖舛,立见消亡。

兄弟叔侄,需分多润寡;长幼内外,宜法肃辞严。

听妇言,乖骨肉,岂是丈夫? 重资财,薄父母,不成人子。

与肩挑贸易,毋占便宜;见贫苦亲邻,须加温恤。

毋恃势力而凌逼孤寡;毋贪口腹而恣杀生禽。

乖僻自是,悔误必多;颓惰自甘,家道难成。

狎昵恶少,久必受其累;屈志老成,急则可相依。

见色而起淫心,报在妻女;匿怨而用暗箭,祸延子孙。

"这都是报应啊"

因果,即原因与结果,对我们来讲并不是一个陌生的概念,而且,我们也经常使用"因为……所以……"这组关联词来表达我们对原因与结果关系的认识与理解。根据我们的教育经验,在幼儿园中班段的小朋友,就可以用"因为……所以……"这样的句式表达自己的认识与想法。从小学开始,人们就开始在不同的学科领域中,以自觉或不自觉的方式感知、体验、分享这样一种话语模型。不但在语文学习中有因果关系复句,在数学学习中,也包括其他理科课程中的问题证明,无一不见蕴含因果关系的样态。事实上,在我们的全部学习生活中,都在遵循因果关系的逻辑论证。也就是说,对因果关系的认知,在知识层面,不论是以内隐的状态潜藏,还是以外显的方式彰明,人们都不觉陌生并且是有所体悟的。

然而,因果关系所呈现给我们的难道仅仅是一般意义上所学的对象化的知识经验吗?并非如此!因果关系更是人们对宇宙、社会、人生变化规律真实而深刻的把握。它反映的是人类在与自然、社会、自我交往过程中的智慧性认知,它体现了宇宙万物、社会人生运演的内在规律。因此,我们认为,对因果关系的认知不应该停留于知识层,而是应将其提升到一种具有普世观念的地位,并予以持有和坚守,进而以思想观念、价值的形态影响人们的认识与行为。

坦白地讲,依笔者陋见,若仅从知识层面讨论因果关系,想必也没有什么新意和价值可言。而从一般意义上讲,如何将我们在学校教育中所学的知识转化、升华为一种相应、适宜的观念,其意义则截然不同了。尽管建构学习者的观念是学校教育的任务与责任,但是,由于种种原因,事实上学生获得的为数不多的凌乱无序的知识经验,的确难以形成具有价值认同的完整的系统观念。当然,这也是一个复杂的见仁见智的大问题,不在我们的论题之内,姑且放置一边,不做进一步的讨论。

在日常生活中,我们会看到,当人们遭遇灾祸,在撕心裂肺、痛心疾首时,常常会以"这都是报应啊"——用因果报应来面对突如其来的变故,以求为痛苦的心灵找到一丝抚慰。或许其间更多的是对过往行为的自责与忏悔,或许这里也有了对因果报应的默认抑或是即刻、瞬时的顿悟。同时,人们在享受幸福如意、功成名就的喜悦时,也往往有诸多的感触与慨叹。而此时此刻,依据时下人际交往的礼仪与习惯,人们大多会有诸多谦逊的感恩式的表达。无疑这是一种非常礼貌且能体现一个人涵养修为的行为模式,然而,主人事实上并没有与我们分享其幸福如意、功成圆满的根由。换句话讲,任何人都应该给成功一个理由,它总会有一系列的原因和理由,以及在整个过程中所采取的恰当、适宜的措施和方法,它定然是过程与结果的统一,其间蕴含着深刻的因果缘起。

的确如此，世间一切——不论自然界的日月盈仄、寒来暑往、云雨露霜，还是社会历史的变迁更迭，以及个体生命在社会生活中遭遇的善恶美丑、是非成败、如意得失、圆满缺憾……都有其内在的根本性缘由。正所谓"万事皆空，唯因果不空"。这也是日常生活中，人们所说的因缘果报、因果报应。

刻薄成家与分多润寡

朱柏庐先生作为明末清初著名的理学家和教育家，在《治家格言》中，他并非唯儒学独尊，而是将儒释道的智慧汇通融合，彰显出一代大儒的深刻和渊博。特别是他通晓因果报应观念在身修家齐中的意义和价值。由此，在《治家格言》中，他以蕴含了因果报应的警句训诫、教诲子弟。在这里，我们选择其中几句与大家一起讨论、分享。

比如，"刻薄成家，理无久享；伦常乖舛，立见消亡"。对人刻薄而发家的，绝对没有长久享受的道理。违背伦常，这种人很快就会消亡，这样的家庭也会很快没落，甚至崩溃。这句话告诫我们，在社会生活中，不可以刻薄待人，不能违背伦常。"刻薄""乖舛"是原因，"理无久享"与"立见消亡"则是果报。做人不厚道，伦常悖乱都不会使家庭、家族昌盛久长。为此，朱柏庐先生对子弟的在家庭伦理方面尤多告诫。比如"兄弟叔侄，需分多润寡；长幼内外，宜法肃辞严"。"兄弟叔侄，需分多润寡"要求的是，兄弟叔侄之间要互相帮助，富有的应该帮助贫穷的。也就是说，在一个家庭中，要实现利合同均，这样就会和谐而没有抱怨。而且，"分多润寡"是中国文化倡导的一种重要精神。《周易·谦》："《象》曰：地中有山，谦。君子以裒多益寡，称物平施。"地中有山，这是谦卦的意象。君子应该减取有余的以增补不足，衡量物质多寡以公平施给。也就是说，在儒家看来能做到裒取多余的去增益不足的，是谓君子。在道家，老子言："天之道，其犹张弓与？高者抑下，下者举之,有余者损之,不足者补之。天之道,损有余而补不足。人之道,则不然,损不足以奉有余。孰能有余以奉天下,唯有道者。是以圣人为而不恃,功成而不处,其不欲见贤。"(《道德经》)自然的规律就是减削有余的补给不足的。可是社会的法则却与此相反。那么,谁能够减少有余的,以补给天下人的不足呢?只有有道的人才可以做到。因此,有道的圣人才有所作为而不占有,有所成就而不居功。他是不愿意显示自己的贤能。这是道家在"多"与"少"问题中所持有的态度与智慧。由此可见,不论是儒家还是道家,都赞成"分多润寡",而能做到这样的人,一定是"君子""有道的人",他们不是被物欲驱使和奴役的人,这里没有对财富的贪婪和随心所欲的占有,他们是持有良知良能的人,以真挚的善良与高度的自觉,帮助有所需要的人。"长幼内外,宜法肃辞严",对一个家庭来讲,都需要有严肃的家法和规矩,家里无论年长年幼都需要遵守,长辈对晚辈的教诲,言辞要做到庄重严肃。"法肃辞严"指的是家庭里长幼有序,法度井然,是家风严谨的表现,其背后则是"父慈子孝,兄友弟恭,夫敬妇爱,敬老爱幼"的精神实质。

"听妇言,乖骨肉,岂是丈夫?重资财,薄父母,不成人子。"如果一个男人听信妇人的挑拨而伤害了骨肉之情,怎么能算得上是一个大丈夫呢?看重钱物而对自己的父母不好,就是大逆不道,枉为人子。在中国伦理文化中,"父子""夫妇"是重要的人伦关系。我们所说的"父子"一伦,就是亲子——父母与子女之间的骨肉之情,先于"夫妇"一伦。夫妇感情固然重要,但是与父母子女间的感情相比毕竟不同。另外,这里的"听妇言"主要强调的是妻妾离间,影响亲子关系。事实上,这里教导人们的是,作为男人应该明辨妻妾的言论,正确处理好"父子"与"夫妇"间的关系。只有父子有亲,却没有夫妇和顺,也难有家庭和睦、和乐、和谐的。"资财"与"父母"孰轻孰重?不言而喻!《佛说父母恩重难报经》为我们详细记述了母亲十月怀胎所经历的辛苦。"父母者,人子之本源也。"做子女的应该以诚挚的孝心、孝行感恩母亲"怀胎守护""临产受苦""生子忘忧""咽苦吐甘""回干就湿""哺乳养育"

"洗濯不净""远行忆念""深加体恤""究竟怜悯"十大恩德。父母对我们的爱,终其一生,正如释迦牟尼佛所说,"母年一百岁,常忧八十儿。欲知恩爱断,命尽始分离"。《大学》:"德者本也,财者末也。"《孝经》:"夫孝,德之本也,教之所由生也。"所以,"重资财,薄父母",对"资财"与"父母"孰轻孰重,如果存在的错误认识与选择,哪有德行可言,又怎么能成为人子呢?

这些都是朱柏庐先生训诫、要求子弟,要在伦常规范中著紧用力,狠下功夫,进而有真功夫。

"刻薄"相对于"厚道"。在《治家格言》中,朱柏庐先生要求子弟"与肩挑贸易,毋占便宜;见贫苦亲邻,须加温恤"。与挑担子做小生意的人打交道,不要去占人家的便宜;看到贫苦的亲戚邻里,要给予更多的体恤和同情。"毋占便宜""须加温恤"正是儒家倡导的仁爱思想的一种反映,这也是孟子所说人性具足的"恻隐之心"。在社会生活中,总会由于种种原因而出现弱势群体,不论他们与我们的关系如何,都应给予他们深切的同情和真挚的关爱,它所体现的仁爱精神也是构建和谐社会不可或缺的道德力量。这里说的根本之处就在于"厚道"。这种"厚道"是人内心的悲悯与仁慈,是人博爱与利他的情怀,是人德行修养的自然流淌。孔子所说的"躬自厚而薄责于人,则远怨矣"(《论语·卫灵公》),以及"己所不欲,勿施于人"(《论语·颜渊》)说的也都是这个道理。《书经》云:"作善,降之百福;作不善,降之百殃。"人行善,天必降福;人不行善,天必定降下灾殃。刻薄没有善可言,而且,刻薄待人必然遭来怨恨。一个刻薄的人常常是以自我为中心,凡事为一己私利,别人给他的善心和帮助,都被视为理所当然,没有丝毫的感恩心。换句话讲,当一个人用尽刻薄,别人也会以这样的方式还报给你的。用老百姓的话说,你能有初一,就别怪我有十五。正如《孟子·梁惠王下》所说,"出乎尔者,反乎尔者",你怎样对待别人,别人也会反过来怎样对待你,正是"以其人之道,还治其人自身"。在《孟子·离娄下》中,孟子对齐宣王说:"君之视臣如手足,则臣视君如腹心;君之视臣如犬马,则臣视君如国人;君之视臣如土芥,则臣视君如寇仇。"从"手足"与"腹心"、"犬马"与"国人"、"土芥"与"寇仇"中,可以看到君臣关系的变化,君之施与与臣之回报是一致的。这就是因果报应!

"请君入瓮"的故事,想必大家都熟知。《资治通鉴·唐纪·则天皇后天授二年》:"兴曰:'此甚易耳!取大瓮,以炭四周炙之,令囚入中,何事不承?'俊臣乃索大瓮,火围如兴法,因起谓兴曰:'有内状推兄,请兄入此瓮。'兴惶恐,叩头伏罪。"周兴为来俊臣出的阴损,最后残酷地落到了自己的头上。而来俊臣之卑鄙、残暴,比周兴更是有过之而无不及,其最后的下场更是悲惨。

《资治通鉴》,中华书局,1979

因刻薄、残暴而产生的果报实在惨烈。与此同时,笔者也有另外一种想法,或者说是疑问,想与大家一同商榷。在社会生活中,人与人间的交往是不是就得以恶制恶,以暴制暴,用刻薄对刻薄呢?在我看来,有如此做法之人也非善良之辈。不论善恶,只在一念间,这是人因起心动念而决定他在行为上的是非、善恶、美丑。刻薄待人是我们不愿意看到的,但是,因为他刻薄,我们就有理由"以其人之道还治其人自身"?难道这样的回报就不是一种恶吗?冤冤相报何时了啊?有道是,冤家宜解不宜结!也提请大家勿忘"己所不欲,勿施于人"这一普世的伦理规范。如果说,在道德范畴里,"刻薄"是不厚道,为人所厌恶唾弃的,以这样的方式待人是一种过错,那么,我们是不是应该对这样的人给予更多的包容,用豁达和厚道融化、消解对方的狭隘与利己,做到正己化人呢?人非圣贤,孰能无过?"人谁无过?过而能改,善莫大

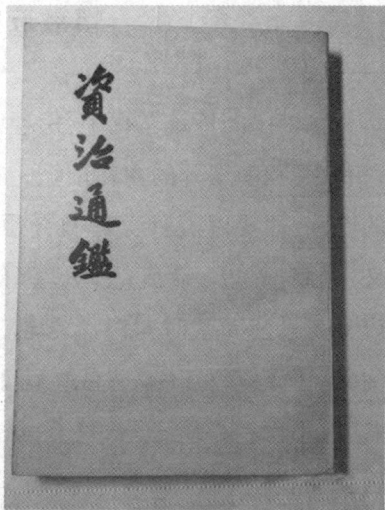

焉。"(《左传·宣公二年》)"过则勿惮改。"(《论语·学而》)"过而不改,是谓过矣。"(《论语·卫灵公》)"过能改,归于无。"(《弟子规》)……我们需要也应该有这样的耐心与信任。正如夫子言:"为仁由己,而由人乎哉?"(《论语·颜渊》)

慎徽五典,五典克从

在中国的传统文化中,伦理精神是其要旨,伦常规范是社会生活得以有序、和谐展开的内在依据。在《尚书·舜典》中,已有"慎徽五典"的说法,即要以五种美德教导臣民。据《左传》解释,"五典"就是"父义、母慈、兄友、弟恭、子孝"。孔子在应答齐景公问政时对曰:"君君,臣臣,父父,子子。"公曰:"善哉!信如君不君,臣不臣,父不父,子不子,虽有粟,吾得而食诸?"(《论语·颜渊》)面对齐景公的问询——如何治理国家,孔子的回答是:"君要像君的样子,臣要像臣的样子,父亲要像父亲的样子,儿子要像儿子的样子。"听完夫子的言说,齐景公好像被点醒一般,颇有感慨:"说得好啊!就像你所说的那样,如果君不像君,臣不像臣,父不像父,子不像子。即使有粮食,我又能吃得上吗?"请大家注意,在这里,很重要的一点是进一步增进了君臣关系。

《尚书》,曾运乾注,上海古籍出版社,2015

在孟子看来,人与禽兽的一个重要区别就在于"人伦"。在尧的时代,"人之有道也,饱食暖衣、逸居而无教,则近于禽兽"(《孟子·滕文公上》)。人有人的行事准则,吃饱、穿暖、住得安逸,却没有教养,就只

能和禽兽差不多。对此,"圣人有忧之,使契为司徒,教以人伦,父子有亲,君臣有义,夫妇有别,长幼有序,朋友有信"。圣人对此感到忧虑,就派契担任司徒,以人与人的伦常关系来教诲民众,使他们知道父子之间要有亲情,君臣之间要讲礼义,夫妇之间要有分别,长幼之间要有次序,朋友之间要有诚信。孟子在整理和总结中国以往道德关系和道德规范的基础上,全面地概括了人们之间的这五种基本的道德关系,并提出相应的道德规范——五伦,即君臣、父子、兄弟、夫妇、朋友五种人伦关系,并以忠、孝、悌、忍、善为"五伦"关系的基本的道理和行为准则,能够做到"父子有亲,君臣有义,夫妇有别,长幼有序,朋友有信"。也就是说,人伦中的双方都是要遵守一定的"规矩"。为臣的,要忠于职守;为君的,要以礼给他们相应的待遇。为父的,要慈祥;为子的,要孝顺。为夫的,要主外;为妇的,要主内。为兄的,要照顾弟弟;为弟的,要敬重兄长。为友的,要讲信义。

至于"伦常乖舛",这种违背伦常的事情,则是对自己在社会生活中扮演的角色以及由此应承担的责任缺少正确认知所导致。与此相反,我们应该做到的则是敦伦尽分,它是我们做人的本分,也是我们每个人应担当的责任和使命。不能尽五伦的道义,连做人的资格都没有,只能是"禽兽"。这样的人家"立见消亡"亦是必然趋势。历史上违背伦常的事,既有发生在帝王将相家的,也有发生在寻常百姓家的。不论是达官显贵还是底层百姓,唯有一点是一样的:其果报都是触目惊心的。一个典型案例,北魏开国皇帝道武帝拓跋珪,年少英才,中年以后刚愎自用,沉迷酒色,杀人如麻,不见君仁臣忠,严重违背了"君臣有义"的伦常之道。他的二儿子拓跋绍竟与他的宠妃万氏私通,这是典型的乱伦事件。而且,两人里应外合,拓跋绍刺死了自己的父亲。拓跋珪死时只有 39 岁。要知道,拓跋珪 16 岁称王,26 岁称帝,成为当时北方最强大的政权。然而,就是这样一个年轻才俊,却又是如此短命,而且还是死在自己的儿子手上,也应了"刻薄成家,理无久享"的教训。拓跋绍杀父弑君更是大逆不道,天理难容,随后即被他的哥哥拓跋嗣联络大臣杀掉。真是"祸福无门,惟人自召;善恶之报,如影随形"。

审视过去,在中国历史上王朝的演变与更迭中,具有改朝换代的重大历史意义却极为短命的两个朝代——秦朝和隋朝,同样有着深刻的因缘果报。看来,就是你皇帝老子也逃不出因果律,而人类的大历史也遵循因果运演变化的规律的。"以史为鉴,可以知兴替",不能洞察其间的因果关联,尤其是对原因不能给予深度探究与把握,历史的悲剧依旧会以不同的方式重复上演,或许这也是人们慨叹"历史为什么会有如此惊人的相似之处"的内在原因吧。

敦伦尽分,守住自己的本分,是做人的大根本,这样一个人也就有了好的根基。它让我们找到了人与自然、人与社会、人与人之间和谐的关系。唯有如此,方能家道兴盛发达,实现人生的幸福与圆满。

恻隐之心

"毋恃势力而凌逼孤寡;毋贪口腹而恣杀生禽。"这句话讲的是,不能用势力逼迫鳏寡孤独之人,不要因为贪图口腹之欲而任意宰杀牛羊鸡鸭这些牲畜。爱是这个世界上最美好的语言,也是这个世界上最高尚的道德。朱柏庐先生的训诫,就是要我们对待万事万物应有悲天悯人的情怀,慈心于物。"君子所以异于人者,以其存心也。君子以仁存心,以礼存心。仁者爱人,有礼者敬人。爱人者,人恒爱之;敬人者,人恒敬之。"(《孟子·离娄下》)君子不同于常人的地方,是因为他经常反省自己。君子常用仁来省察自己,常用礼来省察自己。有仁德的人就能爱人,讲礼的人就能敬人。能爱人的,人也常爱他;能敬人的,人也常敬他。这就是"君子所以异于人者"的原因,因为他的存心在"仁"在"礼"。可以说孟子进一步演绎了夫子"克己复礼为仁。一日克己复礼,天下归仁焉"(《论语·颜渊》)的观点。

"爱"是中国传统文化的德土慧根,也是古圣先贤教诲我们扎"根"立"心"之本。孟子认为,"恻隐之心"即爱心是人固有的"善端"之一。

同时,他也将人的爱心做了进一步的理性分析,"君子之于物也,爱之而弗仁;于民也,仁之而弗亲。亲亲而仁民,仁民而爱物"(《孟子·尽心上》)。君子对于万物,爱惜它,但谈不上仁爱;对于百姓,仁爱,但谈不上亲爱。亲爱亲人而仁爱百姓,仁爱百姓而爱惜万物。

及至北宋,著名的思想家、"关学"学派的创始人张载提出达到"民,吾同胞;物,吾与也"(《西铭》)的境界。他将民众视为自己的同胞、万物视为自己的朋友,其中蕴含着一种心系苍生、胸怀天下的责任意识和精神追求。他认为人能如此,首先就需要超越狭隘的自我,应"大其心","则能体天下之物",扩大自己的心量与天地宇宙相齐,才能体会到自己与他人、万物休戚与共、息息相关。在《西铭》中,张载写道:"尊高年,所以长其长。慈孤弱,所以幼其幼。"与孟子"老吾老以及人之老,幼吾幼以及人之幼"之境界高度吻合。"凡天下疲癃、残疾、惸独、鳏寡,皆吾兄弟之颠连而无告者也。"天下所有衰老多病、孤苦伶仃的人,都是我遭受了困顿苦难、没有依靠的兄弟。像照顾自己家的老人和孩子一样去保护和照顾他们,是我应尽的义务。

《张载集》,中华书局,1978

可见,朱柏庐的训诫与张载的理想也是一致的。张载不论是任云岩县令,还是在渭州任职,尽管官职卑微,但是他始终推行德政,提倡尊老爱幼的社会风尚,关心百姓疾苦、安危、冷暖,切实践履"民,吾同胞;物,吾与也"之大爱,体现知性合一的价值理念,令人景仰。

切莫有恃无恐,势倾灾至;当须慈心不杀,恻隐养性。唯有放大心量,让爱在世界传递,我们的未来才会更美好。

益者三友

"乖僻自是,悔误必多;颓惰自甘,家道难成。"性格古怪,刚愎自用,自以为是,不愿意倾听他人的劝谏,常常会做错事情,因而也会生出很多的懊恼和悔恨。自甘堕落,沉溺而不知觉悟,这样的人治家,家道很难有成也很难长久。这里的因果关联,一目了然。朱柏庐的训诫,目的就在于让子弟家道有成,万世不朽。所以,朱柏庐从"黎明即起,洒扫庭除,要内外整洁;既昏便息,关锁门户,必亲自检点"到"一粥一饭,当思来处不易;半丝半缕,恒念物力维艰""宜未雨而绸缪,毋临渴而掘井"……无不一一教诲。

"狎昵恶少,久必受其累;屈志老成,急则可相依。"这一句是告诫我们如何择友、交友的,也就是说在社会生活中,应该亲近什么样的人。亲近那些不良少年,时间长了,必然会受到他们的牵累。与阅历丰富、心地厚道、行为庄重的人交往,在遇到急难的时候,就可以给我们以帮助。社会是在人与人交往中而衍生的,人与人之间如何交往的确是门大学问。

历史上这样的教诲实在不少。在《论语·季氏》中,夫子教导我们,"益者三友,损者三友。友直,友谅,友多闻,益矣。友便辟,友善柔,友便佞,损矣"。有三种朋友是有益的,三种朋友是有害的。与正直的人为友,与诚信的人为友,与见多识广的人为友,都是有益的。与装腔作势的人为友,与巴结讨好的人为友,与巧言令色的人为友,都是有害的。

《孔子家语·六本》云:"与善人居,如入芝兰之室,久而不闻其香,即与之化矣;与不善人居,如入鲍鱼之肆,久而不闻其臭,亦与之化矣。丹之所藏者赤,漆之所藏者黑,是以君子必慎其所处者焉。"与贤良的人在一起,就像进入有香草的房间一样,时间久了就闻不到香气了,因为已经被同化了;与不好的人相处,就像进入卖臭咸鱼的店铺,时间久了就闻不到臭味了,因为也已经被同化了。用来装丹砂的容器会变成红色,用来装漆的容器会变成黑色。所以君子一定要慎重选择自己所处的环境。

诸葛亮《出师表》中也有"亲贤臣,远小人,此先汉所以兴隆也;亲小人,远贤臣,此后汉所以倾颓也"的告诫。《文昌帝君阴骘文》中则表述为:"善人则亲近之,助德行于身心;恶人则远避之,杜灾殃于眉睫。"

选择什么样的人交往,也就确定了你的人际环境,"近朱者赤,近墨者黑",其果报丝毫不爽。

"见色而起淫心,报在妻女;匿怨而用暗箭,祸延子孙。"或许这是《治家格言》中最为直接言说因果报应的警句了。这一句是在告诫我们淫乱之祸害。见到美色,起了邪淫之心,这个报应往往会落在自己妻子、女儿的身上。正是"万恶淫为首",殃及妻女。怀恨在心而又暗箭伤人,这种行为会把祸患留给子孙。

曾见过一个报道,从 1994 年起,我国的艾滋病感染率一直在增长。现在有多少网络小说,在编织着一个个嫖娼、一夜情、与妓女同床等故事,给人们的心中种下了多少淫秽的种子,让人们做下多少损德害寿的事情!

历史上、现实中,因为淫心邪念、生活糜烂,好色无德、始乱终弃,果报都是非常悲惨的。有失人败国、无后早死,也有祸己祸孙,成为刀下亡魂……而严谨自持、自守不淫,外守内修、理顺清白,这些坚守道义、依循伦常,则有了殊胜的福报,或己贵子荣,或荫子及第,或贵盛无比……

果报非佛家独有

整个《治家格言》也是在向我们诠释、传递因果报应的观念,引人深思,值得咀嚼、回味。

一直以来,人们大都认为因果报应的观念源于佛教,事实并非如此!

在以儒释道为主体的中国传统文化中,佛教是一种外来文化,它经历了冲突、磨合、融合而成为中国文化的重要支脉。佛教讲因果报应是有原因的。我们知道,佛教认为婆罗门教以"梵我合一"的观念对生命、万物予以解释的思想是不正确的。同时,佛教也反对认为一切事物都是没有什么原因,突然而有的"无因论"。它提出了一种全新的因果理论来说明万物的成因,特别是生命体的成因。这种因果理论又被称为缘起理论。对佛教的因果缘起理论,最为简单的表述就是在原始佛教经典《阿含经》:"此生故彼生,此有故彼有,此无故彼无,此灭故彼灭。"这段经文的意思是,宇宙间一切事物,都是以相对的依存关系而存在。这种依存关系有同时性的和异时性的两种。"此生故彼生,此灭故彼灭",表达的是"异时性"的依存关系,这里的"此"是因而"彼"是果,它讲的是纵向的时间关系。"此有故彼有,此无故彼无",反映的是"同时性"的依

《杂阿含经》,上海古籍出版社,1995

存关系,这里的"此"是主而"彼"是从,它讲的是横向的空间关系。因此,所谓宇宙,在时间上说,是因果相续,因前复有因,因因无始;果后复有果,果果无终。在空间上说,是主从相联,主旁复有主;没有绝对的中心;从旁复有从,没有绝对的边际。从而构成这个互相依存,繁杂多样的世界。

佛教的缘起理论,为我们提供了一种认识、解释世界万物变动不居的思想和方法。在某种程度上,它也成为某一些人或者是某一人群的

思想观念以及进行价值判断与选择的根据。

　　在中国的传统文化中，早已存有因果报应这样的观念。古语云："善有善报，恶有恶报。不是不报，时辰未到。"儒家经典《周易·坤卦·文言》中说："积善之家必有余庆，积不善之家必有余殃。"修善积德的人家，必然有更多的吉庆；作恶坏德的，必然有更多的祸殃。这是一个关乎道德的因果律，也是告诉人们以积善的因，可以得到余庆的果。相反地，积不善因，便得余殃之果。果报不是给自己享受的，它会发生在两代人或者几代人身上。它是前人和后人之间的因果报应，或者是父母和子女之间的因果报应。也就是说，儒家所讲的因果报应是在祖先、父母、自己、后代儿孙之间建立起来的一条纵向竖线。

积善之家必有余庆；积不善之家必有余殃

佛教讲因果报应，强调的是事物自身的业力所产生的果报在于自己的承受，有如我们日常所说的"自食其果""自作自受"。而且，佛教讲因果涵盖三世，"欲知前世因，今生受者是；欲知后世果，今生作者是"。每一个人自己的前世、今生、后世，形成一条无穷尽的横向链条。

　　在文化变迁与融合中，佛教与中国儒家关于因果报应的观念在纵横交叉中早已形成了新的因果模式。如南怀瑾先生所言，"依据因果轮回，角色变易的道理来看，自己的前生、今生、来生同自己的上一代、这一代、下一代，二条因果线往往是彼此重叠，一而二，二而一的"。

　　在某种程度上讲，《论语》也是一部传递儒家因果观念的经典之作。它对儒家的因果报应观念，特别是对现实果报独自承担这一思想

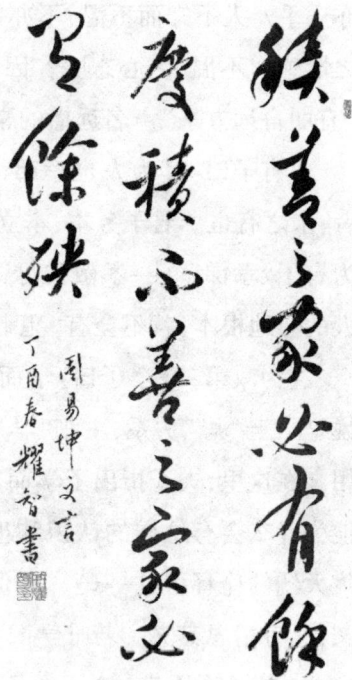

要义的教诲,是无处不在的。

《学而第一》开篇云:"学而时习之,不亦说乎? 有朋自远方来,不亦乐乎? 人不知而不愠,不亦君子乎?"为什么会有"说"之快乐、"乐"之情感、"不愠"之心态呢? 因为有"学而时习之"知行合一的体悟,有"有朋自远方来"声名远播的喜悦,有"君子"恬淡豁达的胸怀。

"有子曰:其为人也孝弟,而好犯上者,鲜矣;不好犯上,而好作乱者,未之有也。君子务本,本立而道生。孝弟也者,其为仁之本与!"因为有了"孝悌"——孝敬父母,友爱兄长这样的"仁之本"——爱人、敬人的心地根本,就不会有"犯上作乱"的忤逆行为。

《为政第二》:"子曰:学而不思则罔,思而不学则殆。"这是夫子言说"学"与"思"关系,主张"学思结合"的经典性语句,也为人们经常引用。在这里,夫子指出了学而不思的局限,也道出了思而不学的弊端。他为什么会有这样的认识和理解呢? 为什么"学而不思则罔"呢? 历代大儒的诠释可见一斑。皇侃《论语义疏》云:"夫学问之法,既得其文,又宜精思其义。若唯学旧文而不思义,则临用行之时罔罔然无所知也。"朱熹《论语集注》云:"不求诸心,故昏而无得。"孟子也认为,"心之官则思,思则得之,不思则不得也"。尽信书,则不如无书。只读书不思考是难以理解其中的道理的,也难以明辨其中的是非,最终无所得而依然迷惑不解。为什么"思而不学则殆"呢? 夫子自言:"吾尝终日不食,终夜不寝,以思,无益,不如学也。"(《论语·卫灵公》)荀子也认为:"吾尝终日而思矣,不如须臾之所学也。"(《荀子·劝学》)心有疑惑则"思",但"思"而不"学",其疑惑终不得解。犹如我们今天所说的,带着问题去学习,才能实现问题的解决。夫子以其智慧教诲我们"学"与"思"的关系,引导我们遵循学思结合的原则求知进德,其内在的因果就在于此。

《八佾第三》:"孔子谓季氏,'八佾舞于庭,是可忍,孰不可忍也!'"孔子谈论季氏时,说:"他以八佾之舞,在自家的庭院中,僭用天子的礼乐。这样的事可以容忍的话,还有什么不可以容忍的呢?"夫子为什么会以其大无畏的气概旗帜鲜明地表示不能容忍季氏这种僭越礼制的行为？因为，他的坚定信念，"周监于二代，郁郁乎文哉，吾从周"，始终以维护与恢复西周礼制为己任。这就是其间的因果关联。

《宪问十四》，子曰："爱之，能勿劳乎？忠焉，能勿诲乎？"夫子说："爱护他，能不使他劳苦吗？忠于他，能不教诲他吗？"这也是《论语》中我非常喜欢的一句话。夫子的本意是统治者应当爱民，关心百姓疾苦，同时，也需要劝说百姓从事生产劳动。百姓只有从事生产劳动，才能有所收获。正所谓"种瓜得瓜，种豆得豆"，一分耕耘，一分收获。这里的因果一目了然。遗憾的是，很多人不明白其中的道理。这句话同样适用于父母对子女的爱。尤其是在当下的社会环境中，如何使孩子学会感恩而不是"白眼狼"；如何使孩子自食其力而不当"啃老族"；如何使孩子勇敢坚毅而不变成"温室里的花朵"；如何使孩子内心充盈而不做"空心人"；如何使孩子阳光健硕而不是长不大的"巨婴"；如何使孩子敢于担当而不成为"缩头的乌龟"……能使子女劳苦，以知稼穑之艰难，进而磨砺其意志，砥砺其学问，这才是真爱！正如孟子所言，"天将降大任于是人也，必先苦其心志，劳其筋骨，饿其体肤，空乏其身，行拂乱其所为也，所以动心忍性，增益其所不能"。今天的孩子的确需要吃点苦。人生的成长与发展离不开磨砺，尽管时代变迁、环境变化，但是，成功圆满是没有捷径的。换句话讲，今天的孩子可能没有必要重复祖辈、父辈的故事，然而，属于他们自己应该经历、体验的荆棘或坎坷、困境或苦难一样都少不了。不经历风雨怎么能够见到彩虹，"爱之，能勿劳乎"是父母放手给孩子自己感知、经验、体悟生活、世界的过程，是一个孩子建构自己完满人生的必由之路。这是任何父母都无法取代和替代的，孩子需要穿着自己的鞋去走自己向往、追求的路。"忠焉，能无诲乎"，所谓"忠"，就是尽心竭力地把事情做好。父母对孩子的爱，一定是尽心竭力的，倾其全部所有。孩子的成长也是在不断试误的过程中，通过不断校正而渐进发展起来的。作为父母不应遮蔽、偏袒孩子的过错，而是需要严加管教，尽教诲之责，为孩子的发展指引正确的方向。

在《论语》中，关乎因果关系的思想、观点不胜枚举，细加研读，深刻领悟，定然会对我们德行长养和智慧增长，人生幸福与圆满，有着丰富多样的指导和推动。限于篇幅和论题的要求，我们就不逐一分析、赘述了。

百福骈臻，千祥云集

在中国传统文化中，儒家重视因果观念，道教同样也有关于因果报应的思想观念。比如在道家经典《太上感应篇》中，以"祸福无门，唯人自召，善恶之报，如影随形"为纲，宣扬"善有善报、恶有恶报"的因果观念，进一步指出人要长生多福，必须行善积德，并列举了二十六条善行和一百七十条恶行，作为趋善避恶的标准，最后以"诸恶莫作，众善奉行""一日有三善，三年天必降之福；一日有三恶，三年天必降之祸"作结，阐述"天人感应"和"因果报应"之理。

《太上感应篇释义》，宗教文化出版社，2009

需要说明的是，《太上感应篇》虽是道家经典，却也融合了较多的佛家和儒家思想。它提倡"积德累功，慈心于物"，强调"忠孝友悌，正己化人，矜孤恤寡，敬老怀幼"，合于儒家的伦理观。在儒家学说中，尤其强调五伦纲常，认为君臣、父子、夫妇的等级界限分明，而在《太上感应篇》中亦以"扰乱国政""违逆上命""用妻妾语""违父母训""男不忠良，女不柔顺。不和其事，不敬其夫"作为评价恶行的标准，可见其相关、相通。

此外，影响仅次于《太上感应篇》的道家劝善书《文昌帝君阴骘文》，以人天道为基础，以因果律为准绳，告诫人们为人处世的道理，从而达到理想的人生境界，也是中国传统文化教人为善去恶的范本。该文开篇即为文昌帝君现身说法，称"吾一十七世为士大夫身，未尝虐民酷吏。济人之难，救人之急，悯人之孤，容人之过，广行阴骘，上格苍穹。人能如我存心，天必赐汝以福"。文昌帝君现身说法忠告人们，"我"在一十七世中轮回转世的经历，不曾有过虐待百姓、危害下属这样不仁不义的做法，而"我"做的是"救难""济急""悯孤""容过""行阴骘""格苍穹"——解除别人的苦难，解除别人的危急，怜悯和同情那些孤苦伶仃的人，容忍别人的过错积累阴德，感通苍穹。"人能如我存心，天必赐汝以福"，这两句实为因果关系。"人能如我存心"是因，"天必赐汝以福"是果。接着列举了几位古代士人行善得福报的事例，说明"百福骈臻，千祥云集"，百福临门，万事吉祥如意，都是从阴骘中得来。随后又进一步阐述"近报则在自己，远报则在儿孙"的因果报应观，告诉人们为善为恶虽然一时没有相应的回报，甚至出现行善命运不济、作恶官运亨通的情况，但终究是善有善报、恶有恶报，近一点报在自身，远一点报在儿孙身上，无非是在时间上的早与迟而已。

　　不论是《太上感应篇》，还是《文昌帝君阴骘文》，皆在民间广泛流传，几乎家喻户晓，逐渐衍化为民情风俗的一部分。它们为建立现实的伦理准则，规范人们的言行，特别是保证国家、社会、家庭的严谨秩序起到了积极作用。

　　因缘果报的理念，是中国传统文化中的卓越非凡的大智慧。它为我们审视历史更迭、发现社会变迁找到了一条有效路径，也为我们启迪心智、长养德行提供了重要依据。因缘果报的

《文昌帝君阴骘文》，清刻本

理念,让我们起心动念,向善利他,让我们敬畏慈悲,感恩惜福……

此时,不由想起《易经·系辞下》里面夫子的教诲,与君共勉——

"善不积,不足以成名;恶不积,不足以灭身。小人以小善为无益而弗为也,以小恶为无伤而弗去也,故恶积而不可掩,罪大而不可解。《易》曰:'何校灭耳,凶。'"

志在圣贤

读书志在圣贤,非徒科第。

书中自有黄金屋

读书,在中国人的社会生活中,人们对它有着独特的认识和理解,也赋予了它非同寻常的地位和价值。从广义上讲,读书与接受教育是同一语。人们读书是在经验一种教育生活;在人们的教育生活中,也离不开读书。

或许我们有着几近相同的经验。在大多数家庭中,孩子到了上学的年龄,父母都会对其寄予厚望,并且是千叮咛万嘱咐,语重心长地告诫孩子,一定要好好上学,听老师的话,认真读书。回想我们的求学经验,记忆犹新的是,学校里的老师更是诲人不倦、谆谆教导每一个学生,一定要读书,而且,要做到多读书,读好书。尽管父母与老师的表达方式不同,但是,他们的想法却高度一致。因为他们笃信,读书好!

无疑,读书在我们这个民族有着深厚久远的历史。我们从儿童的启蒙教育即开始教导弟子一心向学,专注读书。其中,勤学立志、发愤图强与读书做官、追逐名利总是相伴而行。宋朝汪洙《神童诗·劝学》中云:"天子重英豪,文章教尔曹。万般皆下品,唯有读书高。少小须勤学,文章可立身。满朝朱紫贵,尽是读书人。"这样的劝诫,为儿童在灵魂深处植入读书的"种子",并且将读书的目标指向达官显贵,天子朝堂。这也

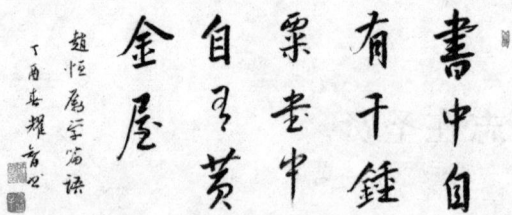

书中自有千钟粟书中自有黄金屋

是颇有渊源的。儒家经典《论语·子张》中,"子夏曰:'仕而优则学,学而优则仕'",子夏的本意是,从政为官之后,行有余力,就该学习;学习之后,深有心得,就该为官从政"。然而,在大多数人的思想观念里,学习的目的都是当官,尽管这是一个严重误读,但是它似乎确实为我们这个民族的读书人找到了方向和归宿:读书的目的就在于追求功名,为官从政。不可否定的是,这个传统也为人们世代存续承传,深深影响着一代又一代读书人的生活。特别是隋唐以来的科举取士更是以制度化的方式,使天下读书人的价值选择合法化。而对读书价值的评判,最为极致的恐怕要数宋真宗赵恒御笔亲作的《励学篇》了:"富家不用买良田,书中自有千钟粟。安居不用架高堂,书中自有黄金屋。娶妻莫恨无良媒,书中自有颜如玉。出门莫恨无人随,书中车马多如簇。男儿欲遂平生志,五经勤向窗前读。"

尽管以读书挣得功名利禄是不争的事实,但是,它并不是读书人的全部生活。而在华夏民族的文化传统里,对读书、接受教育更有另外的追求。《论语·宪问》,子曰:"古之学者为己,今之学者为人。"夫子所言的是,就他本人生活的时代而讲,此前传统的古代学者,他们读书学习、接受教育的目的是认真修养自己,提高自己的学问道德;而现在的学者即与夫子生活在同时代的学者,他们的目的则是一心想要炫耀自己。"为己"的目的在于"修己以敬""修己以安人""修己以安百姓",通过修养身心,提升道德,做一个心系天下苍生的人。"为人"则是借助美誉显扬自己的声名,向别人展示自己的才智。在儒家看来,读书学习、接受教育的目的在于"修身",修养自己的灵魂,做到"齐家治国平天下"的事功,成就君子"内圣外王"的理想人格。

南北朝时期著名学者、教育思想家颜之推为教育自家儿孙晚辈,实现"整齐门内,提撕子孙"的目的而撰写《颜氏家训》。其中,也有关于古今学者"为己""为人"之辨析,进而指陈时弊。他要求子孙明了古之学者"为己",在于"补不足",为了充实自己,弥补自身的不足;古之学者"为人",在于"行道利世",为了推行自己的主张,广利大众,造福社会。今之学者"为人",在于"但能说之",为了向别人炫耀自己,只能夸夸其谈;今之学者"为己",在于"修身求进",为了自身需要,涵养德行以求仕进。

读书需立志

作为一种传统,君子读书治学,应践履儒家一直以来倡导和追求的"修齐治平"的终极目标。于此,北宋大儒、理学家、"关学"领袖张载之境界当为我们所景仰。冯友兰先生就特别称道他的"横渠四句":"为天地立心,为生民立命,为往圣继绝学,为万世开太平"。张载认为,生在世上,就要尊顺天意,立天、立地、立人,做到诚意、正心、格物、致知、明理、修身、齐家,治国平天下,努力达到圣贤境界。它反映了儒家的胸怀,儒家的理想,儒家的见识,儒家的任务。它也深深地印刻在华夏民族读书人的心灵深处。这与张载认为"志"是教育的大前提是一致的。一个人求知为学,为人做官,都必须"立其志","正其志","人若志趣不远,心不在焉,虽学无成"。

读书需立志。我们知道,夫子有贵族的出身,但到他来到世上的时候已是家道没落,"吾少也贱,故多能鄙事"(《论语·子罕》)。这也是夫子对自己身世的一种认识与评判。"贱",社会地位低下;"鄙",眼界见识短浅。特别是夫子三岁丧父,由母亲颜氏养大,这些都可以让我们

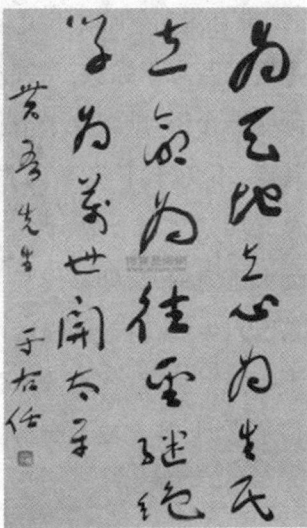

"横渠四句",于右任书

想象夫子年幼之时的生活会是怎样的一种境况。然而,夫子并未就此懊恼、沉沦,而是"吾十有五志于学"(《论语·为政》),他从十五岁开始,在别的孩子接受命运摆布、苟全性命于乱世之际,他选择了立志求学,从此改变了自己的一生。夫子凭其好学、深思、力行的品质,掌握了当时传统社会的智慧和能力,开创"承礼启仁"的志业,追求"老者安之,朋友信之,少者怀之"(《论语·公冶长》)的志向。夫子为后世尊称"大成至圣先师""万世师表",永久流芳;其圣迹更是"德侔天地,道冠古今"。毋庸置疑,其人生之经历与成就当是我们学习的榜样。当人们在大讲励志故事之时,我向来以为夫子的人生轨迹是最好的励志大餐,耐人寻味,历久弥香!

　　读书立志,夫子是典范,也深为后世家教、家训纷纷效仿。三国时诸葛亮在《诫外甥书》中说,"夫志当存高远,慕先贤,绝情欲,弃疑滞,使庶几之志,揭然有所存,恻然有所感;忍屈伸,去细碎,广咨问,除嫌吝,虽有淹留,何损于美趣,何患于不济。若志不强毅,意气不慷慨,徒碌碌滞于俗,默默束于情,永窜伏于凡庸,不免于下流矣!"在这里,诸葛亮明确告诫外甥,做一个高尚有远大志向的人,仰慕先贤,以此作为

《诸葛亮集》,中华书局,1960

自己人生的榜样,使先贤的志向存留于心、外显于行。否则,如果志向不刚强坚毅,意气不慷慨激昂;就会沉湎于流俗,被情欲所缚,沦入凡夫俗子之列,甚至成为庸俗的下流之辈。

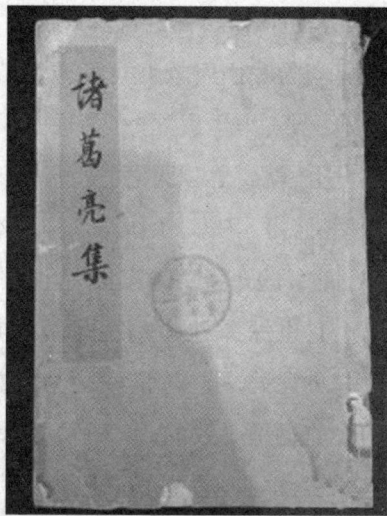

志在圣贤

在《治家格言》中，朱柏庐先生亦言："读书志在圣贤，非徒科第。"他训诫子弟，读书的目的在于志愿学习做圣贤，效法圣贤，成为像圣贤一样的人，做圣贤追求的人生与事业。而不是只为了科举及第，实现为官从政，追求功名利禄的目的。

读书志在圣贤，不唯朱柏庐先生所独崇。它也是中国古代蒙学教育为儿童启蒙、成长指引、确定的重要方向。清代康熙年间秀才李毓秀撰写《训蒙文》(后改称《弟子规》)，是除《三字经》之外，影响最大的一种训诫类蒙学教材，在清代中叶以后广泛流行。《弟子规》的最后一句训诫"弟子"追求圣贤境界："勿自暴，勿自弃，圣与贤，可驯致。"当遇到困难和挫折时，不要自甘堕落、胡作非为，相反，应该是发奋向上，努力学习，这样圣与贤的境界就可以通过循序渐进的方式达到。

《孟子·告子下》："人皆可以为尧舜"。孟子以性善立论，认为人有"恻隐之心""羞恶之心""恭敬之心""是非之心"，而指向"仁""义""礼""智"的善端。这是人固有的"四善端"，是人的自性，只要不自暴自弃，按照循序渐进的法门，就可以成就圣贤。由此，我们可以看到《弟子规》的价值取向与境界格调。

那么，"圣贤"于我们而言又意味着什么呢？从字源看，汉字作为一种智慧符号，"圣"与"贤"两个字本身也有这样的内涵。这很值得琢磨。"圣"的繁体字"聖"，从造字法看，是形声字，从耳，呈声。左边是耳朵，右边是口。既善用耳，又会用口。本义是耳聪口敏，通达事理。东汉许慎《说文解字》："圣，通也。""贤"的繁体字"賢"，从造字法看，

賢 xián 胡田切

多才也。从貝，臤聲。

【譯文】賢，多才能。从貝，臤聲。

《说文解字》：贤，多才也。

它是形声字，从贝，臤声，同古代的"贤"。"臤"本义为"驾驭臣属"，引申为"牢牢掌握"。"贝"指钱币、财富。"臤"与"贝"联合起来表示"牢牢掌握财富"。它的本义是，量入为出的人；会精打细算过日子的人；善于理财的人。它的引申义是会精打细算、会量入为出、会过日子；有理财能力；有才能；有才能的人。《说文解字》："贤，多才也。"而把"圣"与"贤"两个字结合起来，特别是在文化意义上，就有了特殊的内涵。在儒学的人格目标和生命理想中，其追求的境界是有层次的，分为圣人、贤人、君子、士人、庸人。"圣贤"即是圣人与贤人的合称，指品德高尚、有超凡才智的人。在儒家的视界里，通常视尧、舜、禹、商汤、文武周公为古圣先贤。事实上，远不止于此！如孔子、老子、释迦牟尼佛等亦必在其列。我们认为，所谓的圣贤，他们通晓宇宙、社会、人生、生命的真相；他们悲天悯人，纳苍生于心际；他们仁爱天下，扶危济困，使黎民百姓离苦得乐，享有和谐、和睦、和乐、和平的大同世界。有如《礼运·大同篇》所言，"大道之行也，天下为公。选贤与能，讲信修睦，故人不独亲其亲，不独子其子。使老有所终，壮有所用，幼有所长。矜寡孤独废疾者，皆有所养。男有分，女有归。货恶其弃于地也，不必藏于己；力恶其不出于身也，不必为己。是故谋闭而不兴，盗窃乱贼而不作，故外户而不闭，是谓大同"。这也是华夏民族曾追求的理想的大同世界，以及对美好世界的期许与愿景。

朱柏庐训诫子弟"志在圣贤"，也是对我们的教导。读书就要以圣贤为榜样，修养自我的圣贤品格，像圣贤一样生活。一个人要想成为圣贤，就需要一方面进入圣贤的心理模式，从起心动念开始，以慈悲为怀，心念苍生，利益天下；另一方面彰显圣贤处世为人的行为方式，"孝悌忠信，礼义廉耻"，德行天下。而且，始终持有自强不息、厚德载物的独立人格，他不会因"富贵""贫贱""威武"而乱其心志、改变意志或使其屈服。因为，他深知"士不可不弘毅，任重而道远。仁以为己任，不亦重乎？死而后已，不亦远乎？"（《论语·泰伯》）也正是这种恢宏的气度和刚毅的品格，成就了一个读书人的圣贤人格。

　　"志在圣贤"就要树立高远的人生价值取向,具有高贵的灵魂和有丰富的情感。"志在圣贤"就是要做一个有格局的人:放大心量,海纳百川,提高格调,升华境界。"志在圣贤"就是要做一个有作为的人:率先垂范,敢于担当,躬身践履,服务大众。

心念苍生

　　当然,我们不敢讲"世风日下,人心不古",但是,在今天的社会生活中,倡言"读书志在圣贤"怕是一种奢侈,它是会被人们调侃、嘲弄、讥讽,进而被理所当然地视为在"装"。因为,在人们的读书生活里,不论是在哪一个学习阶段,不论是当事人还是他所遭遇的环境、经历的人与事,似乎都在遵循着"读书—应试—升学—就业—家庭生活—读书……"的循环轨迹。这让我想起十年前就在谈论的一个现象。听说一个记者采访偏远山区的一个羊倌,问:放羊为了什么?答:挣钱。问:挣钱干什么?答:娶媳妇。问:娶媳妇做什么?答:生小孩。问:生小孩做什么?答:放羊……"放羊—挣钱—娶媳妇—生小孩—放羊……"我们把这里羊倌的回答,或者说羊倌对自我生命的认识与期许称为"羊倌哲学"。似乎,现在人们的生活要比羊倌的生活高明得多。果真如此吗?我想无非是同质异构罢了。的确是生活环境的改变,让我们的生活有了新的形式而已,却并没有实质性的突破与超越。事实上,我们也没有理由简单地否定人们对物质生活享受的渴望与执着。但是,我们有必要知晓物质生活并不是人生的全部。在物质生活之外,还有高贵的灵魂、丰富的情感、理想、信仰以及责任与使命。而这些因素不仅影响我们当下的生存状态,而且也会影响我们未来的生活走向。

　　如今现实高于理想、物质高于精神、当下高于未来,千方百计地寻求婴儿似的即刻满足,挖空心思索要急功近利式的既得利益,俨然成为一种主流的主导性的生存状态,并正以合理化的方式成为新常态。而这一生活模式似乎从接受小学教育就开始了。即便没有升学压力的小学生，也被堆积如山、反复训练的作业压得喘不过气。他们原本应在他们人生的初始阶段，建立起与学习、读书、求知之间的"亲情"链接，为他们未来人生的方向和可持续发展奠定坚实的根基，却出现了很多孩子厌学、游离、掉队等诸多影响成长与发展水平的消极现象，令人心痛。至于到了初中、高中阶段，所有教育活动为应试所左右，读书的目的被浓缩为升学。升学本无错！升学是一个人获得深造，实现更好发展的重要路径之一。我想指出的是，升学的目的又是什么呢？落实到个体读书经验里的核心价值观又是什么呢？达成升学目的后，开始在更高层次接受教育，作为同龄人中的佼佼者，与自然，与自我，与社会，与国家民族，乃至与人类之间的关系又是什么？在升学重压下的应试教育，在急功近利的竞争中，人们读书还关心这些问题吗？我们还要进一步追问的是，我们的教育里还有多少这样的内涵、这样的品质、这样的精神诉求呢？

"精致的利己主义者"

近一段时间里，北京大学资深教授、博士生导师、著名鲁迅研究专家钱理群先生的《大学里绝对精致的利己主义者》为人们广泛关注。钱理群先生谈及，在中国的大学里，包括北大、清华，都正在培养一群二十几岁就已经"老奸巨猾"的学生，他们高智商，世俗，老到，善于表演，懂得配合，更善于利用体制达到自己的目的。文中警告说："这样的人，一旦掌握了权力，其对国家、民族的损害，是大大超过那些昏官的。"

无独有偶，又一则重磅消息：北京大学副教授，临床心理学博士，精神科主治医师，北京大学心理健康教育与咨询中心副主任、总督导徐凯文先生在第九届新东方家庭教育高峰论坛上，做了题为《时代空心病与焦虑经济学》的演讲。他谈道："一个现象近年来越来越突出——非常优秀的年轻人,成长过程中没有明显创伤,生活优渥、个人条件优越,却感到内心空洞,找不到自己真正的想要,就像漂泊在茫茫大海上的孤岛一样,感觉不到生命的意义和活着的动力,甚至找不到自己。"

在演讲中,他给出了一个更让人惊讶的数据:"北大一年级的新生,包括本科生和研究生,其中有 30.4% 的学生厌恶学习,或者认为学习没有意义,还有 40.4% 的学生认为活着人生没有意义,我现在活着只是按照别人的逻辑这样活下去而已,其中最极端的就是放弃自己。"

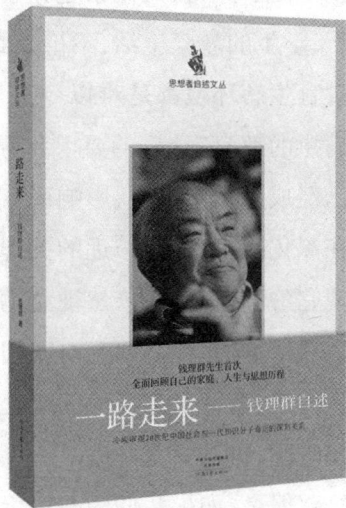

《一路走来——钱理群自述》,河南文艺出版社,2016

在演讲中,徐凯文先生也对钱理群先生"精致的利己主义者"的观点,表明了自己的立场和态度:"当教育商品化以后,北大钱理群教授有一个描述和论断我觉得非常准确,叫作精致的利己主义者。"与此同时,对为什么会出现这样的现象,而这样"精致的利己主义者"又是如何被培养出来的,徐凯文先生表达了自己的观点:"如果让我回答这个问题,我想说的是,我们这些家长和老师都是精致的利己主义者,他们向我们学习,我们为了一个好的科研成果,有时候会数据作假;我们为了能够挣到钱,可以放弃自己的道德伦理底线;我们作为医生,可以收红包拿回扣;有些老师上课不讲知识点,下班时在辅导班里讲……而孩子,是向我们学习的。"

试想,当中国最好的高等学府——北京大学的学生,如果是这样一种状态时,它向我们传递的是什么?毋庸讳言,这些孩子一定是出问题了。在演讲中,徐凯文先生给这种现象一个比较形象的说法——"空心病",他把它姑且称为"价值观缺陷所致心理障碍"。我们知道,如果孩子出了问题,大概家庭和学校、父母和老师都有问题。今天我们给孩子、学生的教育生活,不论是在家庭还是在学校,构成社会生活的整个教育生态环境都是难以令人满意的。否则,怎么会有"努力办好人民满意的教育"这样的要求和愿望? 今天的教育生活不论在哪个阶段都已经成为关系民生、影响民族的重要的大事件。或许中国的教育正处在深化改革、谋划长远的关键时期,但是,教育若不能回到它的原点,体现它的真谛,而是依然被急功近利的社会环境所劫持、绑架,进一步丧失其根本的育人理念,对我们这个国家、民族将是一场大灾难。不可否认的是,教育生态环境的改变是一个系统的复杂的序列化的大工程,需要时间,也需要耐心。

但是,如果我们的教育价值取向依旧停留于把升学、应试作为唯一选择时,那么,我们将是没有未来的,我们的梦想也只能是幻象,难以实现。甚至我们可以说,没有美好的教育,什么梦都将是噩梦!

不忘初心,方得始终

今天,读书、接受教育急需为孩子植入正确真实、适宜恰切、具有文化内涵与普世意义的价值观,进而使他们的人生轨迹有所依据,让孩子的未来充满美好的期许。还记得我们曾经的经验吗? 从小到大,在父母、老师、同学面前,我们都有过的志向和宏愿:科学家、艺术家、政治家、军事家、历史学家、文学家……真是不一而足! 然而不无遗憾的是,当我们套用"不想当将军的士兵不是好士兵"的句式,言说"不想当教育家的教师不是好教师"时,似乎没有得到应有的回答。而且,在教育系的学生包括师范院校的毕业生中,也很少听到立志成为教育家的誓言。或许是专业教育的缘故,让我们对教育家望而生畏;或许是现实生活的功利性选择,让我们对教育家不屑一顾。这恐怕不能不说是教育的悲哀抑或是教育的失败。有谁能否认随着时间的流逝,特别是在求学经验不断增加、社会阅历渐进丰富的过程中,我们曾经信心满满的宏图大志还有多少被我们保留！不无遗憾的是，如今以老师的角色面对学生时，我们发现今天的孩子在人生志向的表述上依旧重复着我们年少时的故事。真不敢想二十年、三十年后，这些孩子会不会发出和我们几近相同的慨叹？而这种人生理想、追求、志向的丧失，必然导致人生的落寞与平庸、狭隘与封闭。年少的志向，或许是因为幼稚无知，不知世事之艰难；年少的志向，或许更多的是对美好向往的无畏和勇敢，充满着激情和热烈；即便是"无知者无畏"，也当给予足够的鼓励和赞美，而不是嘲笑、讥讽和嗤之以鼻。尽管我们笃信"人有善愿，天必佑之"，它同样需要有良性的教育环境，给予对善良愿望的支持系统，不只表现在家庭生活中的父母，也包括学校的教育生活，以及整个社会对理想、志向追求的肯定与激励，它需要有更好的社会生态环境予以保护、保证。

不忘初心，方得始终。中华人民共和国第一任总理周恩来先生，在关东模范学校就读时，十二三岁就立下了"为中华之崛起而读书"的宏伟志向。尽管时过境迁，但是，我经常想，今天读书接受教育的学生还能脱

为中华之崛起而读书

口而出，由衷地表达这样的志向吗？现在的读书人还有这样一个十二三岁孩子的境界和格局吗？当然也包括我们成年人，读书向学的目的究竟是什么？难道我们不应该对自己的灵魂给予真诚的拷问和深切的解剖吗？

人生是一场修行

论及当下国人社会生存状况时,人们常会带有一种失望、悲观,并伴有犀利、尖锐的批判:道德沦丧,肆无忌惮,任意妄为;价值观混乱,莫衷一是,灵魂迷失;羞耻感丧失,厚颜无耻,纵欲无度;潜规则盛行……不可否认的是,它也是当下社会生态环境在不同人群中的一种反映。这种认识与理解并非要否定什么,而是因为有对现实生活的关怀和对美好生活的向往,更有"爱之深,恨之切"的忧患意识。正如艾青所言:"为什么我的眼里常含泪水?因为我对这土地爱得深沉。"尤其值得我们注意的是,在当下物质财富明显增长、生活更加富裕的背景下,却产生了精神生活迷乱堕落、心灵无所皈依之乱象,那些可以诗意栖居的地方又在何方?仅有物质是远远不够的,我们更需要有高贵的灵魂和丰富的情感,还需要有诗和远方……

读书、接受教育,是一个人成长与发展的必修课。志在圣贤是一个人的志向和选择,反映了他的价值观和自我期许。时下,在社会生活中,人们对个人发展、生命价值、人生幸福的认识与理解越来越呈现出多样化的态势,特别是作为普通人的幸福,越来越为人们所关注与向往。我们没有理由苛责任何一个人非得按照某一种价值取向或人生模式为唯一的选择。但是,生命的意义就在于不断地超越与突破,不论于自我还是于社会,都应以体现生命的价值,彰显生命的力量为终极目标。为此,从生命的意义讲,追求生命的高远与卓越,达成生命的丰富与完善,是个体生命成长与发展的应有之义,而不是走向生命的反面。人的生命可以平凡、普通,但没有理由庸俗、堕落。曾有人讲,"你那么平凡,凭什么孩子非得完美?"难道父母平凡孩子就理所当然可以不完美?这与"龙生龙凤生凤""老子英雄儿好汉"有什么两样?无疑,这是典型的成分论、遗传决定论的思想在作怪。人都有追求完美的诉求与权利,也正是因为这样的追求才有"青出于蓝而胜于蓝"的坚定信念。

正如马斯洛需求层次理论的观点,人都有追求自我实现的需要,进而成就生命的价值与意义。

人生就是一场修行。因读书、接受教育而修养自己,为生命的成长与发展助力,宛如夫子所言"古之学者为己"。这似乎是一种回归。其实不然!它更多的是一种超越,从"为己"——修养自己开始,而最终达成利益天下。

读书需立志,立志在圣贤。"读书志在圣贤,非徒科第"是读书人的操守与宿命,是读书人的内在的境界与高远的格调。

朱柏廬先生

治家格言

黎明即起灑

掃庭除要内
外整潔既昏
便息關鎖門

户必親自檢

點一粥一飯

當思来處不

易半絲半縷
恒念物力維
艱宜未雨而

綢繆，毋臨渴而掘井。自奉必須儉約，宴

客切勿流連，器具質而潔，瓦缶勝金玉。

飲食約而精
園蔬愈珍饈
勿營華屋勿

謀良田三姑

六婆婆寶淫盜

之媒嫜羙妾

嬌非閨房之

福童僕勿用

俊羡妻妾切

忌
豔
妝
祖
宗

雖
遠
祭
祀
不

可
不
諴
子
孫

雖愚經書不

可不讀居身

務期質樸教

子要有義方
勿貪意外之
財勿飲過量

之 酒 與 肩 桃

貿 易 毋 佔 便

冝 見 貪 苦 親

鄰須多溫恤
剗薄戌家理
無久享倫常

乖　　　　　比　　　　　湏

舜　　　　　兄　　　　　分

立　　　　　弟　　　　　多

見　　　　　叔　　　　　潤

消　　　　　姪　　　　　寡

長幼內外宜　法肅辭嚴聽　婦言乖骨肉

豈是丈夫重

資財薄父母

不成人子嫁

女擇佳婿毋

索重聘娶媳

求淑女毋計

厚區見富貴

而生諂容者

寕可恥遇貧

窮而作驕態

者賤莫甚居

家戒爭訟訟

則終党慶世　戒多言言多　必失毋恃勢

力而凌逼孤寡母貪口腹而恣殺生禽

乖僻自是
悔誤必多
頹惰自甘
家道難

成狎昵惡少

久必受其累

屈志老成急

則可相依輕

聽發言安知

非人之譖訴

當忍耐三思

因事相爭焉

知非我之不

是須平心暗

想施惠無念

受恩莫忘凡

事當留餘地

得意不宜再

往人有喜慶

不可生妒忌心

人有祸患不可

生喜幸

心善欲人見
不是真善惡
惡人知便是

大悪見色而

趄淫心報在

妻女匿怨而

用暗箭禍延

子孫家門和

順雖饔飧不

繼亦有餘歡

國課早完即

橐橐無餘自

得其樂讀書

志在聖賢非

徒科苐為官

心計安

存家命

君身順

國守時

豈分聽

天為人若此庶乎近為戚耀智書